基于提高过程安全绩效的整合管理体系和指标指南

Guidelines for Integrating Management Systems and Metrics to Improve Process Safety Performance

〔美〕Center for Chemical Process Safety　编著
上海作本化工科技有限公司　译

中国石化出版社

内 容 提 要

本书所述指南，是美国化学工程师协会化工过程安全中心(CCPS)出台的，用以帮助企业实施过程安全和风险管理体系的各种要素一系列指导方针的一部分，是石油化工及其他存在高风险生产行业提高过程安全绩效的重要指南。

本书在简要介绍指南的必要性、目的、范围、使用方法、关键审计以及该领域最新进展的基础上，详细描述了整合过程安全(S)、职业安全与健康(H)、环境(E)、质量(Q)和安保(S)管理计划的系列活动，包括确保各小组领导支持、评估各小组危害和风险、确定各小组的常用指标、实施 SHEQ&S 方案、监视 SHEQ&S 方案性能以及 SHEQ&S 方案的变更。最后介绍了整合管理体系和指标以提高过程安全绩效的行业示例。

本书可供炼油化工、石油天然气开采、煤炭、电力等行业从事生产、设备、设计、制造、科研、安全、环保工作的管理人员和技术人员，以及基层生产操作、维修人员学习和借鉴参考。

著作权合同登记 图字：01-2018-8866 号

Guidelines for Integrating Management Systems and Metrics to Improve Process Safety Performance
By Center for Chemical Process Safety (CCPS), ISBN: 978-1-118-79503-3

图书在版编目(CIP)数据

基于提高过程安全绩效的整合管理体系和指标指南/美国化工过程安全中心编著;上海作本化工科技有限公司译. —北京：中国石化出版社，2020. 9
书名原文：Guidelines for Integrating Management Systems and Metrics to Improve Process Safety Performance
ISBN 978-7-5114-5835-3

Ⅰ. ①基… Ⅱ. ①美… ②上… Ⅲ. ①化工过程-安全管理体系-指南 Ⅳ. ①TQ02-62

中国版本图书馆 CIP 数据核字(2020)第 146973 号

中国石化出版社出版发行
地址:北京市东城区安定门外大街 58 号
邮编:100011 电话:(010)57512500
发行部电话:(010)57512575
http://www. sinopec-press. com
E-mail:press@ sinopec. com
北京富泰印刷有限责任公司印刷
*
710×1000 毫米 16 开本 11 印张 192 千字
2020 年 10 月第 1 版 2020 年 10 月第 1 次印刷
定价:69. 00 元

译者的话

《基于提高过程安全绩效的整合管理体系和指标指南》系统地介绍了整合过程安全(S)、职业安全与健康(H)、环境(E)、质量(Q)和安保(S)各小组之间影响过程安全绩效通用指标的方法，从而帮助企业在管理整体运营风险时更加高效和有效。

本书详细地阐述了整合管理体系和指标的相关内容，包括必要性、目的、范围、确保各小组领导支持、评估各小组危害和风险、确定各小组的常用指标、实施 SHEQ&S 方案、监视 SHEQ&S 方案性能、SHEQ&S 方案的变更以及行业示例。不同的行业可能在不同的主题下管理过程安全，包括安全管理体系(SMS)、卓越运营(OE)、完整性管理体系(IMS)、过程安全管理(PSM)、健康，安全与环境管理体系(HSEMS)或安保管理体系(SeMS)，无论企业是否使用这些系统，本书提供的方法可以帮助识别和选择用于监视和提高过程安全绩效的通用指标。

为了更好地将整合管理体系和指标以提高过程安全绩效介绍给相关企业、高校、科研机构，上海作本化工科技有限公司组织葛安卡、周健、高彩慧、陈健、张作本、张弓等从事安全管理的专业技术人员翻译了本书。

整合管理体系和指标融合了技术与管理等众多领域的专业知识，由于时间仓促和译者水平限制，本书中难免有疏漏和谬误之处，敬请广大读者和科技工作者批评指正。

目　录

插图清单

表格清单

缩　略　语

ACC ——美国化学理事会
AFPM ——美国燃料和石油制造商
AIChE ——美国化学工程师协会
ALARP ——最低合理可行原则
API ——美国石油学会
BPCS ——基本过程控制系统
CCPS ——化学过程安全中心
CFR ——美国联邦法规
COMAH ——英国重大事故危害 HSE 控制
CPI ——化学过程工业
CSB ——美国化学安全委员会
EPA ——美国环境保护署
EU ——欧盟
ISO ——国际标准化组织
OD ——操作纪律
OECD ——经济合作与发展组织
OSHA ——美国职业安全与健康管理局
PSM ——过程安全管理
RAGAGEP ——认可和普遍接受的良好工程实践
RBPS ——基于风险的过程安全
RC ——责任关怀
RMP ——风险管理计划
SHEQ&S ——安全(过程安全)、健康(职业安全与健康)、环境、质量和安保
UK ——英国
UKHSE ——英国健康与安全管理局
U. S. ——美国

术　语

本术语在发布时是最新的。请访问CCPS网站获取最新术语。

事故预防支柱：一组互相支持的基于风险的过程安全(RBPS)要素。RBPS管理体系由四个事故预防支柱组成：①过程安全承诺；②危害和风险的了解；③风险管理；④经验学习。

行政控制：将人员和/或设备性能保持在规定限度内的程序。

屏障：用于控制、预防或阻止能量流动的任何手段。包括工程(物理，设备设计)和管理(程序和工作流程)。另见“保护层”。

基本过程控制系统：对来自工艺过程及其相关设备、其他可编程系统和/或操作员的输入信号作出响应，并产生输出信号，使工艺过程及其相关设备以期望的方式在正常的生产限制内运行。

领结：预防和缓解屏障类型的可视化图表，可用于管理风险。这些屏障是由左侧的威胁，中心的意外事件以及右侧的后果绘制而成，代表着危险物质或能源通过屏障流向目的地。左侧可以主动处理危险或威胁，并设置特定的障碍(保障措施，保护层)，以防止发生危险事件；右侧的屏障对事件作出反应，以帮助减少事件的后果。

后果：通常涉及火灾、爆炸或有毒物质释放的事故序列的直接不良结果。后果描述可能是事故影响的定性或定量估计。

后果分析：事件结果案例的预期效果分析，与频率或概率无关。

遏制：化工系统与其环境之间不交换反应物或产物的系统条件。

工程控制：一个特定的硬件或软件系统，旨在将工艺过程保持在安全的操作限制内，在工艺波动的情况下安全地停车，或减少工艺波动时人员暴露的影响。

环境组：就本指南而言，环境组管理空气、水和土地许可证，包括危险废物的储存和处置。

设备：可以根据其边界内所包含的机械、电气或仪表组件来定义的一块硬件。

设备可靠性：在规定的环境条件下运行时，工艺设备在指定的暴露期内充分发挥其预期功能的可能性。

事件：涉及由设备性能或人为行为或过程外部事件引起的过程事件。

爆炸：导致压力不连续或爆炸波的能量释放。

炸药：在遭受突然冲击、压力或高温时，几乎瞬间释放压力、气体和热量的一种化学物质(OSHA 1994)。

设施：实施管理体系活动执行的物理位置。在早期的生命周期阶段，设施可能是公司的中央研究实验室或技术供应商的工程办公室。在后期阶段，设施可能是典型的化工厂、仓储终端、配送中心或公司办公室。在描述 RMP 审计标准时，现场与设施具有相同的含义。

故障：在预期和观察到的表现之间所存在的一种不可接受的差异。

火灾：伴随着热、光和火焰演化的一种燃烧反应。

防火：火灾控制或灭火的方法(NFPA 850)。

易燃物：与气体氧化剂(如空气或氯气)混合并点燃后燃烧的气体。术语“易燃气体”包括易燃或可燃液体在闪点以上所产生的蒸气。

频率：每单位时间事件的发生次数(例如，1000 年 1 次事件=1×10 次事件/年)。

危害：可能对人、财产或环境造成损害的一种固有的化学或物理特性。在本书中，它是危险材料、操作环境和某些可能导致事故的非计划性事件的组合。

危害分析：识别导致危害发生的不良事件，分析这些事件可能发生的机制，并预估其后果。

危害评估：确定一个系统的个体危害，确定可能引起不良事件的机制，评估这些事件对健康(包括公共卫生)、环境和财产的影响后果。使用定性技术查明可能导致事故的设施设计和运行中的弱点。

危险物质：从广义上讲，任何具有能够对人类或环境的健康或安全产生不利影响的物质或物质的混合物。除了与闪点和沸点有关的火灾问题之外，存在危险的物质材料。这些危险可能来自但不限于毒性、反应性、不稳定性或腐蚀性。

健康组：就本指南而言，指管理职业安全和健康计划的小组。

事件：导致一个或多个不良后果的一个事件或一系列事件，例如人员伤害，环境破坏或资产/商业损失。这类事件包括火灾、爆炸、有毒或其他有害物质的释放等。

独立保护层(IPL)：能够防止假定的事故序列进行到定义的、不需要的、终点的装置、系统或动作。IPL 独立于启动事故序列的事件，也独立于任何其他 IPL。通常在保护层分析期间识别 IPL。

保护层：由管理体系所支持的装置、系统或行动，能够防止初始事件传播和扩大到具体的损失事件或影响。

保护层分析(LOPA)：在某个时间利用预定义的启动事件频率、独立保护层失效概率和后果严重性等数值来分析一个事件场景(原因-结果对)的方法，其目的是将场景风险预估情况与风险标准进行比较，以确定哪里需要进行额外的风险降低或更详细的分析。通常使用基于情景的危害评估程序，例如 HAZOP 研究等，在其他地方识别情景。

可能性：事件发生的预期概率或发生频率的量度。这可以表示为事件频率(例如，每年的事件)在时间间隔期间发生的概率(例如，年度概率)或者条件概率(例如，发生前兆事件已经发生的概率)。

缓解：通过降低事件发生的可能性，从源头上采取预防措施，或通过减少事件的严重程度和/或当地人员或财产的暴露来降低事故发生的风险。

正常过程：任何意图在开车和停车之间执行的过程操作，以支持在安全操作上限和下限范围内的持续运行。

职业安全与健康：就本指南而言，重点关注预防和减轻对工业卫生和个人防护设备等危险材料和能源使用者的不良健康影响。该专业还涉及安全工作实践，如密闭空间进入、电能隔离、输送管线断裂和坠落防护等(与过程安全专业比较)。

质量组：就本指南而言，指监督产品质量的组织中的小组，包括 ISO 9000 等管理体系，并确保客户关系。

支柱：见事故预防支柱。

预防：消除或防止与特定活动相关的危害或风险的过程。预防有时用来描述预先采取的行动，以减少不良事件发生的可能性。

过程安全：利用良好的设计原则、工程设计和操作实践，管理操作系统和流程处理有害物质完整性的严格框架。它涉及预防和控制有可能释放有害物质或能源的事件。此类事件可能导致毒性效应、火灾或爆炸，最终可能导致严重的人身伤害、财产损失、生产损失和环境影响。

过程安全系统(PSS)：过程安全系统包括用于安全操作和维持工艺过程的设计、程序和硬件。

过程安全管理(PSM)：重点预防、准备、减轻、应对和恢复与设施有关的过程化学品或能源的灾难性排放的管理体系。

方案：为了达到某种结果而提出的一系列行动。

可靠性：一个项目能够按规定的时间或规定的要求在规定的条件下执行要求的功能可能性。

风险：根据事故的可能性和损失或伤害的严重程度，衡量人身伤害、环境损害或经济损失。这种关系的简化版本将风险表示为事件可能性和后果的产物(即风险=后果×可能性)。

基于风险的过程安全(RBPS)：化学过程安全中心的过程安全管理体系方法，使用基于风险的策略和实施对策，与过程安全活动的风险需求、资源可用性和现有过程安全文化相适应，以设计、纠正和改进过程安全管理活动。

失控反应：表现出非受控的反应加速度而导致温度和压力快速升高的热不稳定反应系统。

安全措施或防护特征：设计特征、设备、程序等落实到位，以降低因果情景的可能性或减轻严重程度。

安全组：就本指南而言，安全组分为过程安全和职业安全与卫生两个专业。

安全层：被认为足以防范特定危害的系统或子系统。安全层不能因另一个安全层的失效而受到损害，它完全独立于任何其他保护层，可能是一个非控制选择(例如，化学、机械)，可能是一个管理程序，可能需要不同的硬件和软件包，必须按照公司政策和程序予以批准，必须具有可接受的可靠性，并且必须符合适当的设备分类。

安全系统：旨在限制或终止事件序列的设备和/或程序，从而避免损失事件或减轻其后果。

安保组：就本指南而言，安保组管理和控制进出设施的情况。

停车：使操作进入安全和非操作状态的过程。

系统：为了完成一套特定功能而组织的一系列人员、设备和方法。

代加工商：生产、储存、使用、处理或运输设施最终产品的化学成分的承包公司。有时称为第三方服务提供商、来料加工厂、外部服务供应商、外部协议制造商、合同加工厂、协议制造商、定制化学品制造商。

毒性危害：就本指南而言，衡量一种有毒物质对生物体造成危险的程度，这不仅取决于物质本身的毒性，而且还取决于其在主要条件下可能进入生物体的方式。

有毒物质：当暴露于特定剂量的生物体时，有可能造成伤害或死亡(有毒)的物质。

不稳定的物质：在纯态下或商业化生产的材料会剧烈地聚合、分解或凝结，变成自反应性的，或者在冲击、压力或温度条件下发生剧烈化学变化的物质(NFPA 704，2001)。

致　　谢

美国化学工程师协会(AIChE)和化学工艺安全中心(CCPS)对CCPS项目小组委员会(P247)的所有成员及其CCPS成员公司在编制这些指南期间所给予的慷慨支持和技术贡献表示感谢。同时也对BakerRisk作者团队表示感谢。

小组委员会成员

Tony Downes	委员会联席主席，霍尼韦尔
Jeff Fox	委员会联席主席，道康宁
Habib Amin	康特拉科斯塔县
Steve Arendt	ABS咨询
Edward Dyke	默克集团
Wayne Garland	伊士曼
David Guss	尼克森公司
David Moore	Acu技术咨询
Cathy Pincus	埃克森美孚
Patricia Shaw	科氏工业集团
Della Wong	加拿大自然资源公司
Dave Belonger	CCPS员工顾问

在出版之前，所有CCPS书籍都要经过全面的同行评审。CCPS非常感谢同行评审人员所给出的深思熟虑的意见和建议。他们的工作增强了这些指南的准确性和清晰度。

同行评审

Christopher Conlon	国家电力供应公司
Jonas Duarte	Chemtuira公司
Bob Gregorovich	西农集团，化工、能源与化肥
Dan Miller	BASF公司，CCPS TSC成员

Keith R Pace	普莱克斯公司
Richard E. Stutzki	3M 公司
Michael Vopatek	巴塞尔公司
Toni Wenzel	霍尼韦尔国际公司

前　言

40多年来，美国化学工程师协会(AIChE)一直密切关注化工及相关行业的过程安全和损失控制问题。AIChE通过与工艺设计师、施工人员、操作人员、安全专家和学术界成员的紧密联系，加强了沟通，促进了行业高安全标准的持续改进。AIChE出版物和专题讨论会已成为致力于过程安全和环境保护的信息资源。

在墨西哥墨西哥城和印度博帕尔发生化学灾难后，AIChE于1985年创建了化学过程安全中心(CCPS)。CCPS专门开发和传播用于预防重大化学事故的技术信息。该中心得到了150多家化学加工行业(CPI)赞助商的支持，他们为其技术委员会提供必要的资金和专业指导。CCPS活动的主要成果是出台了一系列指导方针，用以帮助实施过程安全和风险管理体系的各种要素。本书是该系列的一部分。

负责监督指导方针的CCPS技术指导小组委员会，被特许审查和更新1996年的CCPS书籍、PSM、ES&H和质量一体化指导方针。本指南反映了在处理有害物质的设施中对安全问题日益受到重视，并了解如何结合使用领先指标和滞后指标来衡量过程安全绩效改进的最新进展。鉴于在许多组织机构中已制定了过程安全、职业安全与健康、环境、质量和安保小组的管理方案，本指南旨在帮助这些组织机构确定影响SHEQ&S小组过程安全绩效的指标。整合这些指标将减少组织机构的整体运营风险。

您可以访问CCPS网站上的“整合管理体系和指标以提高过程安全绩效的指南”的工具、模板和文档：http://www.aiche.org/ccps/publications/metrics-tools。

1 引言

自1985年成立以来，美国化学工程师协会(AIChE)的化工过程安全中心(CCPS)一直致力于推动化学过程安全的强化管理。CCPS始终认为，通过技术和管理的完美结合，可以实现良好的安全绩效。

许多组织机构分别制定了过程安全、职业安全与健康、环境、质量和安保小组的管理方案。CCPS认识到，当这些方案在管理它们的小组之间建立共同的管理体系和指标时，整个操作风险会大大地降低。因此，将这些不同方案的相似性和共同需求融合在一起，将会导致组织内部更高效和有效的管理。本指南为小型和大型组织机构提供了一些方法，以帮助他们基于每个小组监控的危害和风险来识别、评估和利用跨组的通用体系和指标。

1.1 整合的必要性

许多公司有重叠的监管、工业和贸易协会，以及可能消耗大量资源和注意力的认证要求。识别这些绩效改进体系之间的协同作用将有助于确安保全可靠的运营，有助于简化程序和跨体系审计，并支持监管和企业合规要求。由于一些体系和指标的多个功能都很常见，因此，设计良好和实施整合的管理体系将有助于减轻过程安全、职业安全和健康、环境、质量和安保小组的负担。另外，整合的体系有助于提高生产效率和客户满意度。过程安全、职业安全与健康、环境、质量和安保绩效改进系统的整合，在近期与指标相关的主题会议、网络研讨会、期刊和书籍中得到了重视。

几乎每一个地区和工业化国家都出台了相关的法规，要求制定正式的过程安全、职业安全和健康、环境和安全管理方案。这些过程安全法规有：美国职业安全与健康监察局过程安全管理(PSM)标准、美国环保局风险管理程序(RMP)、加拿大环保局环境应急条例和欧洲赛维索指令Ⅱ(Seveso Ⅱ)。附录A中的详细参考清单提供了美国法规(表A-1)、国际法规(表A-2)、自愿行业标准(表A-3)、一致准则(表A-4)和致力于过程安全的组织(表A-5)。

无论一个设施是否受到监管，如果它必须处理有害物质和能源，一个公司的成功将受到如何应用过程安全和风险管理体系的基本要素，以及如何把影响过程安全绩效的整合指标与其他风险降低计划相结合的影响。如表 1-1 所示，过程安全的“商业案例”已受到若干组织(ACC 2013a，CCPS 2006)的注意，并在几十年前由 Trevor Kletz 简明扼要地指出，自那时以来发生了许多变化：“如果您认为过程安全代价太高，那么等待您的只能是事故。”除了规章制度外，来自公众、社会和政治的压力，需要更好的安全和环境表现。

每个公司都需要找到提高运营效率和绩效以及降低整体运营成本的途径，同时还要找到维持和提高市场竞争地位的方法。提高市场地位和客户满意度是组织质量管理计划的固有内容。尽管过程安全、职业安全与健康、环境、质量和安保的管理体系可能已经单独制定，但它们也有类似的与计划相关的期望，例如正在执行：

- 与计划相关的具体记录要求；
- 利用指标来展示计划项目的绩效改进。

[注：过程安全(S)、职业安全与健康(H)、环境(E)、质量(Q)和安保(S)等管理体系按照本指南中的“SHEQ&S”进行排序。]

当不同的 SHEQ&S 管理体系协调不当时，有时目标和操作设施要求的冲突可能会促使程序发生变更，无意中造成过程安全相关的操作风险增加。不幸的是，这种冲突的证据今天仍然存在，由于有害物质管理体系和程序的不适当，工业上仍然发生了许多可预防的事件。这样的实例包括灾难性设备故障，这是由设备可靠性计划的不当设计、监控和/或维护所造成的(Bloch 2012，US CSB 2003 和 US CSB 2011b)。

成功整合的其他好处包括降低运营成本、更有效地使用人员来管理计划、减少整个组织的重复工作。成功的运营成本管理历史体现在实施质量管理计划的组织的改进结果中。表 1-1 总结了使用影响过程安全绩效的衡量指标和质量管理体系方法的整合计划的一些好处。本指南旨在解决过程安全、职业安全与健康、环境、质量和安保管理计划之间的整合需求。这些计划中的每一个都有类似的风险降低目标，一旦合并，将有助于公司在管理整体运营风险时更加高效和有效。

表 1-1　过程安全的“商业案例”

商业价值①②——降低事故成本	
道德	企业职责
员工	死亡、受伤、应急响应
环境	清理、物资处置、环境整治

续表

商业价值[1][2]——降低事故成本	
设备	由于随后发生火灾或爆炸，维修或更换故障部件或损坏的设备
财务	灵活性，持续价值，商业机会，业务中断，原料/产品损失，利润损失，获得或运营临时设施，获得替代产品以满足客户需求(例如，来自其他地方的兄弟设施)
商业价值[3]——整合各小组的管理体系	
道德	分布在整个价值链、政府实体和利益相关者中
社区关系	通过社区顾问小组改进沟通
责任保护	降低保险费，减少责任[作为合格的反恐技术，安全规范通过安全法来满足国土安全部(DHS)的要求]
组织效率	通过充分利用和结合现有管理体系来提高效率，通过召集来自多个管理团队(环境、健康和安全、运营、维护、社区关系、运输、安全、法规遵从性和采购)的人员来促进团队建设
竞争优势	持续改进活动，调整环境、健康、安全、安保、产品管理和价值链绩效
业务考虑[4]——基本原则	
人性化	保护员工和周边社区的安全和健康是一种人道主义-公司的道德义务-无论法律义务如何
员工/劳动关系	员工参与是实现质量安全和健康的重要工具。考虑员工可以对安全绩效产生积极影响的领域
公众认知	有关公司对员工的态度，公众的看法可能会影响产品的市场
合规	监管机构积极执行法规；他们可以处以罚款，造成业务中断。公司和个人可能因违规而被追究刑事责任。还应考虑诉讼成本和遭受的惩罚。如果发现违规，公司可能会在分配资源方面失去一些灵活性。对于无可争议的违规行为，必须在双方同意的时间内予以消除
财务	考虑采用有效的安全和健康标准的短期/长期成本，与工人索赔的增加成本、损失时间以及与不太有效的计划相关的其他直接和间接费用等进行比较

① CCPS，“过程安全的商业案例”，第二版，AIChE，2006。

② CCPS，来自过程安全领先和落后指标中“直接成本”的定义，修订日期：2011 年 1 月。

③ 美国化学理事会(ACC)，责任关怀的商业价值©，http://responsiblecare.americanchemistrv.com/Business-Value(2013 年 9 月 18 日访问)。

④ 国家安全委员会(NSC)，成功的安全和健康计划的 14 个要素，(1994 年)。

1.2 本指南的目的

本指南的一个主要目标是，通过整合各小组中与监控相关的工作，重点关注影响过程安全绩效的常见高风险指标，来帮助组织机构降低整体运营风险。本指南的目的是介绍一个方法，组织机构可以利用该方法来建立或改善现有过程安全、职业安全与卫生、环境、质量和安保管理计划之间的联系。许多度量指标对于不止一个小组来说都是通用的，这样一个精心设计和实施的综合管理体系将减少过程安全、安全和健康、环境、质量和安保小组的工作负担，并有助于提高生产效率和客户满意度。

本指南中描述的方法使用了质量管理方法的某些部分，例如全面质量管理（TQM）或 ISO 9000/14000 系列，提供了一个可以根据公司的文化和管理风格而定制的综合管理体系（Albrecht 1990，ACC 2013b，Caropreso 1990，Juran 1964，Kane 1968，Scherkenbach 1986，Scholtes 1988）。

1.3 本指南的范围

本指南的范围侧重于识别过程安全、职业安全与健康、环境、质量和安保管理计划之间共同指标的方法。由于影响过程安全绩效的某些指标在各小组之间是通用的，而近期各种类型的过程安全指标综述已经发布，而本指南的编写跟踪了最新的方法以帮助减少组织的整体运营风险。尽管质量管理体系可能构成这些风险管理计划的基础，但对于不同类型的质量管理计划的详细说明则超出了本指南的范围。

1.4 本指南中使用的方法

图 1-1 显示了整合到 SHEQ&S 方案中的现有业务和 SHEQ&S 管理体系。就本指南而言，“SHEQ&S 方案”被定义为 SHEQ&S 管理体系集合，用于监控有意义的度量指标以显示过程安全的条件。这些小组的共同指标如图 1-2 所示，其中不同的 SHEQ&S 管理体系具有重叠区域。一些度量指标对于不同的 SHEQ&S 组是通用的，如图 1-2 中的交叉点所示。请注意，安全系统包括两个不同的过程安全和人员安全措施，这对安全可靠的操作至关重要。特别是人员安全措施是现有职业安全与健康计划的一部分。

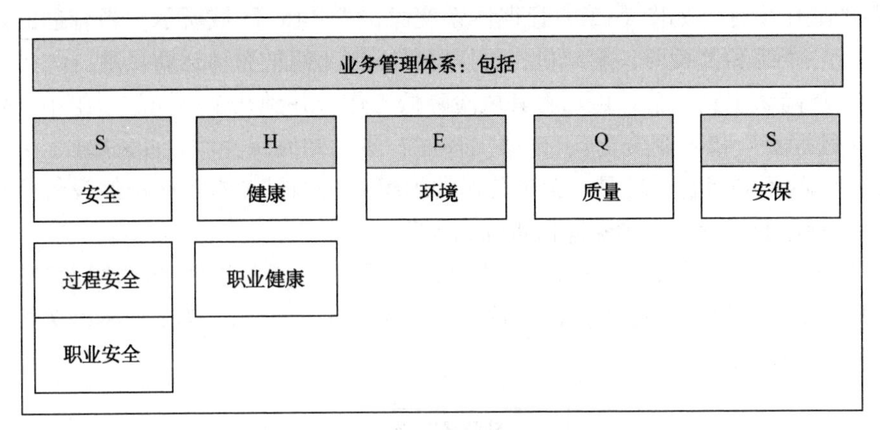

图 1-1　SHEQ&S 项目中的管理体系

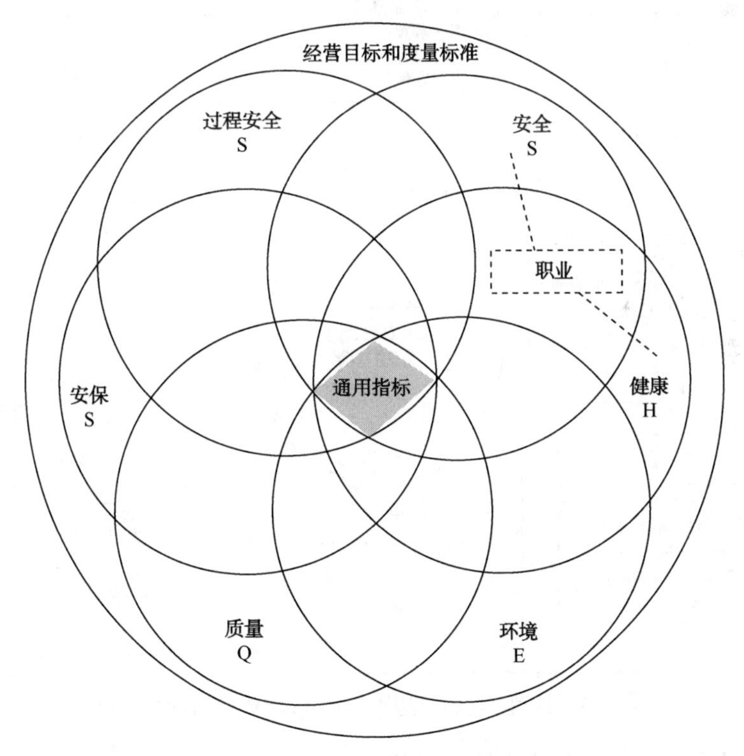

图 1-2　SHEQ&S 管理体系的通用指标

不幸的是，用于监测和跟踪职业安全和健康计划的一些指标已被证明不足以作为组织机构的过程安全计划真实情况的唯一测量指标(参见第 1.8 节的额外讨论)。因此，本指南的目标是帮助组织机构识别影响不同 SHEQ&S 小组过程安全绩效的通用指标，如图 1-2 中管理体系交集的“中心”区域所示。当合适的指标被选择、跟踪和监控时，组织机构可以降低不同小组的整体运营风险。

本指南认识到，公司可以将其风险降低工作合并到几个不同的小组中，包括安全(过程安全和职业安全)、健康、环境、质量和安保小组(如 SH&E、HS&E、H&S 等)的不同组合。但是，无论公司的组织结构如何，本指南都假设每个小组监控其特定的指标，以确保降低特殊的风险。

每个章节中介绍的组织材料的框架结合了 SHEQ&S 方案“生命周期”阶段和“计划、执行、检查，行动(PDCA)”方法，如图 1-3 所示。第 2 章~第 7 章简要介绍了各个阶段。

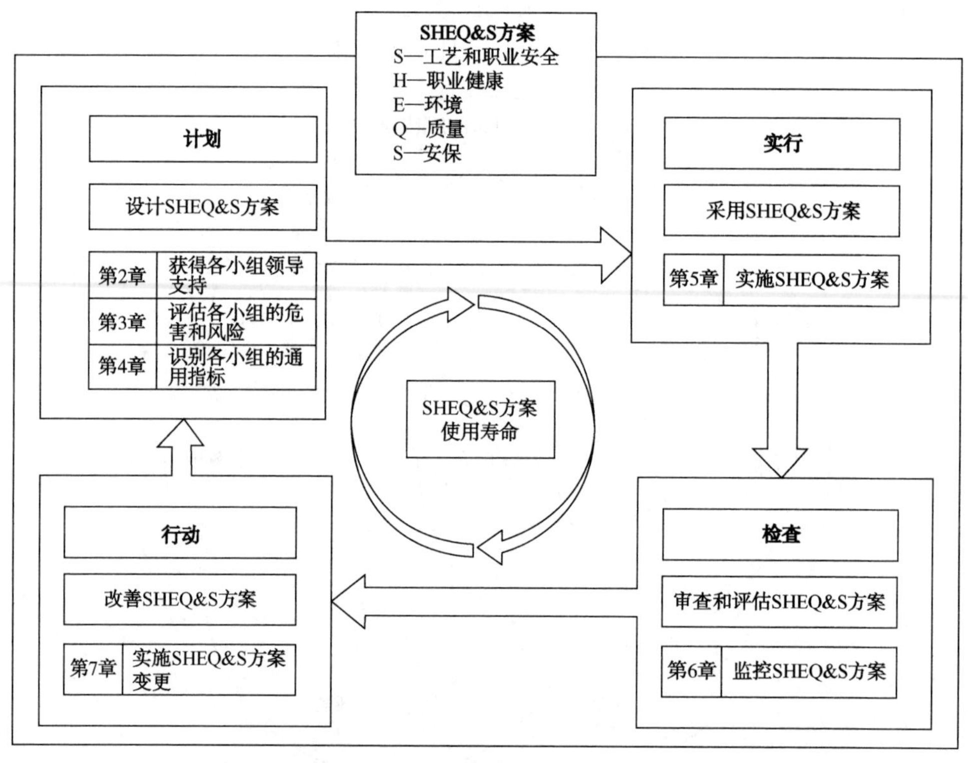

图 1-3　计划、实行、检查和行动(PDCA)方法的阶段

第 1 阶段　SHEQ&S 项目的“计划”意图：

SHEQ&S 方案设计从最初的“计划”阶段开始(方案的创建或诞生)；随着方案的成熟和成长，理解为审查和差距分析可能会在其生命周期中改变方案的设计。

"计划"阶段章节：

第 2 章 确保各小组的领导力支持

第 3 章 评估各小组的危害和风险

第 4 章 识别各小组的通用指标

第 2 阶段 SHEQ&S 方案的"实行"意图：

"实行"阶段是每个 SHEQ&S 系统的日常应用。成功取决于这些制度的到位和每个人的坚持，从现场工作人员到高级管理人员，做出影响有效实施管理体系所需资源的决定。安全、高度可靠的组织机构了解和运用经营行为的原则和操作纪律。

"实行"阶段章节：

第 5 章 实施 SHEQ&S 方案

第 3 阶段 SHEQ&S 方案的"检查"意图：

"检查"阶段包括监控 SHEQ&S 方案指标和趋势审核。每一个方案都需要定期审查，以确保不会发生组织的自满。

"检查"阶段章节：

第 6 章 监控 SHEQ&S 方案性能

第 4 阶段 SHEQ&S 方案的"行动"意图：

"行动"阶段解决了 SHEQ&S 方案变革的主要驱动因素：趋势分析和差距分析。新员工、人员调整和调查结果或差距分析可能会影响 SHEQ&S 方案指标的选择。

"行动"阶段章节：

第 7 章 实施 SHEQ&S 方案的变更

为了有效管理每个 SHEQ&S 系统内的过程安全风险，公司的文化和管理风格需要组织中的每个人具备强大的操作纪律，无论他们是否在计划、执行、检查或行动阶段做出贡献，以帮助确保和维持安全可靠的操作。

1.5 如何在整合的系统中使用建立的模型

不同的行业可以在不同的主题下管理过程安全，包括安全管理体系(SMS)，卓越运营(OE)、完整性管理体系(IMS)，过程安全管理(PSM)，健康、安全与环境管理体系(HSEMS)或安保管理体系(SeMS)。虽然针对公司的文化和管理风格定制了不同的方法和模式，但本指南采用的结构结合了 CCPS 基于风险的过程安全方法与国际模式(包括 ISO 9000、ISO 14000 和欧洲认证 OSHAS 18000 系列标准)来说明，同时也认识到其他管理体系具有相似的结构。本章最后的参考文献中提到了其他管理体系框架。无论公司是否在使用 SMS、OE、IMS、PSM、HSEMS 和/或 SeMS 系统，本指南都提供了一种方法来帮助识别和选择用于监视和帮助提高过程安全绩效的通用指标。

一些司法管辖区可能需要一个“安全案例”，监管机构希望看到该公司有害物质和能源的操作过程来证明其安全——公司已采取一切必要措施防止重大事故发生，并将风险降到最低合理可行(ALARP)的限度。安全案例识别危害和风险，描述如何控制风险，并说明确保控制有效和一贯的现有安全管理体系。基本原则是产生风险的人必须管理风险。由于公司对设施中的危害有最深入的了解，因此公司必须评估其过程、程序和系统，以识别危害，评估风险并采用适当的控制措施。这包括通过使用强大的管理体系，证明公司在工程设计(包括人为因素方面的考虑)中采用公认的和普遍接受的良好工程实践(RAGAGEP)。尽管安全案例不是一个管理体系，但是它证明了一个公司遵循了规定，公司有安全管理体系包含在其整合的 SHEQ&S 方案中。

1.6　排除范围

本指南的范围不包括特定业务、过程安全、职业安全与健康、环境、质量和安保系统及其各自方案的制定或实施方面的建议。本指南的重点是基于影响过程安全绩效的通用指标将现有体系整合为“整合的”SHEQ&S 方案，旨在提供一种格式或框架，以适应于世界上的任何地方。本书中的参考资料提供了多种资源来详细说明特定系统及其程序的设计和实施。

1.7　本指南的主要读者

本指南主要针对那些帮助实施和监控特定风险降低管理体系的人员，无论他们是在一个组织的企业、设施还是工艺装置层面。包括这些小组中的领导者和主题专家(SME)：过程安全、职业安全与健康、环境、质量和安保。本指南将成为所有小组中企业和/或现场管理人员和领导者有用的培训工具和参考，帮助他们更好地理解降低整个运营风险的固有复杂性(参见有关培养领导能力的讨论，见第 2.6 节)。此外，本指南还将帮助过程安全审计员建立可评估的过程安全特定指标，既可用于项目合规性，又可用于设施中的体系实施。

本指南适用于处理有害物质和能源的大、中、小型设施中的人员，尤其是那些需要正式监管或企业驱动的过程安全管理(PSM)方案的人员。本指南的设计有利于资源有限的小型设施，以及设施内各业务单位效率低下的较大设施。在管理全球企业过程安全风险时，大型企业也将从整合指标中受益。

1.8 过程安全指标中的一些最新进展

希望本指南能够抓住过程安全指标方面最新进展的实质。请注意，各个级别的每个小组都应用了过程单元特定的指标、设施特定的指标和公司特定的指标。这些指标可能不适用于组织中的其他小组或级别。此外，详细描述已知的不同类型的指标(如“领先”和“滞后”指标)超出了本指南的范围。有关识别和选择过程安全指标方面最新进展详情的简要概述和具体参考资料，请参见附录B。

2 确保各小组的领导力支持

本章探讨了确保组织内部所有 SHEQ&S 小组领导力支持的必要性，同时说明了在提出对现有管理体系进行更改时可能带来的好处和顾虑。不仅仅是对 SHEQ&S 方案的内容和目标所持的看法极为重要，更重要的是先强调效益并获得企业领导层支持。通过高层管理人员的支持、愿景和目标，组织内各级利益相关者将更好地了解他们的角色，以及如何分享小组的资源，如何受益。每个小组都要了解他们在 SHEQ&S 方案有效执行中的作用，以及如何帮助提高公司的过程安全绩效。

本章介绍了 SHEQ&S 方案的一个案例，说明了当外部压力迫使组织发生危机时可能发生的一些群体互动和反应。过程安全事件的讨论表明了用于监控每个 SHEQ&S 管理体系指标的有效 SHEQ&S 方案是如何帮助企业主动监控、响应并改进过程安全绩效以及管理其总体风险的。由于执行新方案时面临的部分挑战取决于人们履行其新的或增强角色的能力，因此本章最后提供了一些有助于确定和解决潜在领导能力差距的参考资料，以帮助提高过程安全领导者的能力。

2.1 获得支持的必要性

获得整个组织的支持始于企业领导层的明显支持。这些领导人在小组内部分配资源（人员、设备和资金）来支持组织运营。如果没有领导层和管理层的支持，不管组织内部的哪个层面，整合的努力都将耗尽资源，很可能会崩溃。

无论公司的规模如何，公司的报告或人员配置结构基本相同：组织中始终有些人向首席执行官（CEO）、总裁或公司董事会报告。本指南将使用“公司”“设施”和“工艺装置”这几个术语来表示一个组织的三个一般层次。虽然本指南定义了三个不同的层次，但是我们也认识到，每个组织可能对这些层次使用不同的术语，比如表 2-1 中所列的公司层面、设施层面和工艺装置层面的一些人员配置术语。组织中的每个人，从管理层到那些被管理的人员，都期望过程安全的领导力。

任何项目全阶段的可见管理支持对项目的成功至关重要。由于一个典型的项目通常分为几个阶段，第一个阶段(即管理支持阶段)是最为重要的。SHEQ&S 方案整合团队的“项目”其他阶段包括当前系统评估、概念设计、详细设计、试点、安装和测试，然后是运行和维护，如图 2-1 所示。如果一个项目在每个阶段都没有得到负责分配资源的那些人的支持，那么这个项目就不会有效或成功。

表 2-1　组织层面的术语

<table>
<tr><th colspan="3">组织层面</th><th>组织机构图表中可能使用的术语</th></tr>
<tr><td rowspan="5">公司层面</td><td colspan="2">本指南中未说明的小组</td><td>过程和职业安全(S)、职业健康(H)、环境(E)、质量(Q)和安全(S)</td></tr>
<tr><td rowspan="4">该层面的其他术语：
企业
组织</td><td>人员术语</td><td>包括总裁、副总裁、执行官、首席运营官(COO)、全球总监、全球经理；包括全球过程安全管理(PSM)董事</td></tr>
<tr><td>地区</td><td>包括欧洲、北美、南美、亚太、非洲、中东</td></tr>
<tr><td>能力中心</td><td>包括过程安全管理(PSM)、环境、健康和安全(EHS)、工程、维护、采购、信息服务、供应链、运营、卓越运营、研发(R&D)、可持续发展</td></tr>
<tr><td>部门或分部</td><td>包括财务、法律、税收、保险(预防损失、财产和意外事故)、战略规划、通信、政府关系、审计、人力资源、投资者关系部门等，另外还注意到与产品有关的分组(如化工、炼油、上游、下游等)</td></tr>
<tr><td>业务层面</td><td>该层面的其他术语：
业务单位
业务
物流
分部</td><td></td><td>“业务”通常基于类似的技术或市场，如炼油、化工、特种化学品、先进材料、生物、植物科学、爆炸物等。
业务部门可能在世界各地的不同地点拥有设施</td></tr>
<tr><td rowspan="3">设施层面</td><td colspan="2">本指南中未说明的小组</td><td>过程和职业安全(S)、职业健康(H)、环境(E)、质量(Q)和安全(S)</td></tr>
<tr><td rowspan="2">该层面的其他术语：
装置
现场</td><td>人员术语</td><td>包括设施经理、高级经理、助理经理、副经理、工程师、管理人员；包括设施(现场)PSM 要素所有者</td></tr>
<tr><td>部门术语</td><td>包括生产、运营、维护、工程、项目、质量控制和保证、信息技术(IT)、原材料存储和/或仓库、采购、客户服务、人力资源、行政、会计、财务</td></tr>
</table>

续表

组织层面			组织机构图表中可能使用的术语
工艺装置层面	该层面的其他术语：资产	人员术语	包括操作员、机械师、电工、技术人员、过程支持工程师、实验室技术员、服务员、工人、主管；包括当地的 PSM 要素所有者
		危险过程术语	处理有害物质和能量的过程；如果设计用于控制它们的设备出现故障，就可能对人员、环境和财产造成损害； 后果：因有毒排放、火灾、爆炸和/或失控反应而造成人员伤亡、环境破坏和财产损失

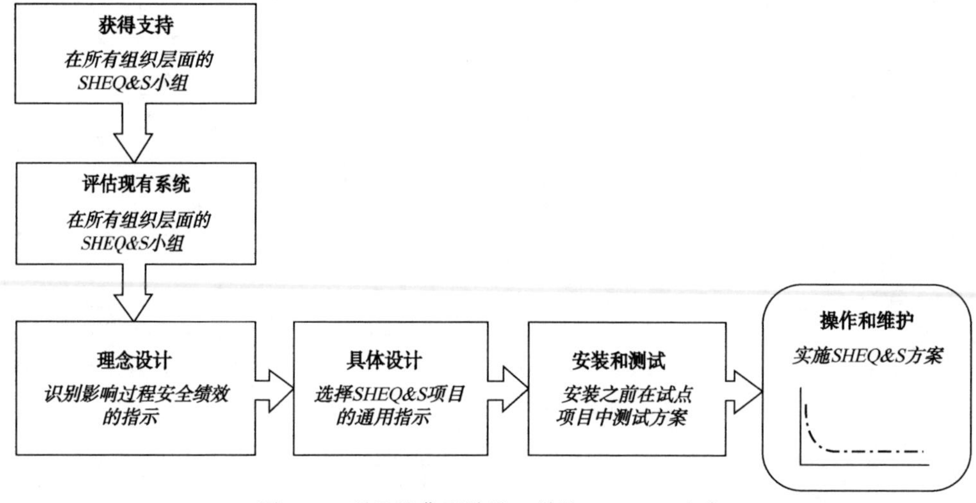

图 2-1　项目的典型阶段：关注 SHEQ&S 方案

每个人都应该理解和支持 SHEQ&S 方案，作为组织全面管理体系的一部分，SHEQ&S 方案最终将成为组织中的正常工作流程。回答以下问题有助于解释方案推出的理由：

- 谁从 SHEQ&S 方案中受益？
- SHEQ&S 方案的好处是什么？
- 最终的 SHEQ&S 方案是什么样的？
- SHEQ&S 方案与目前的系统有何不同？
- 如何实现改变？

附录 C 给出了不同利益相关者对这些问题的潜在答案。随着 SHEQ&S 方案从概念阶段到试点阶段，再到实施阶段，拥有和执行工作的人员与支持工作的管理人员之间必须进行有效的沟通。

2.2 获得优化资源分配的支持

一个有效的 SHEQ&S 方案可以帮助管理公司的整体运营风险，这可以通过将一般的风险等式扩展为整体的公司风险等式来表示，如图 2-2 所示，并用图 2-3 中的风险矩阵表示。整体运营风险是一个随着事件频率、后果、公司资源分配和公司运作纪律而变化函数。SHEQ&S 方案的目标是通过实施有助于减少不良事件发生频率的系统、减少后果和提高运营纪律，从而将公司的运营风险控制在可接受的最低水平(CCPS 2011)。

但是，当在这个等式中加入“资源分配”时，整个公司的努力就变得复杂了。从过程安全风险管理的角度来看，过于关注更常规、高频率、低后果的事件是危险的，它会导致低频率、高后果事件可能被忽视，因此是不容置疑的(Murphy 2011，Murphy 2012，Murphy 2014)。

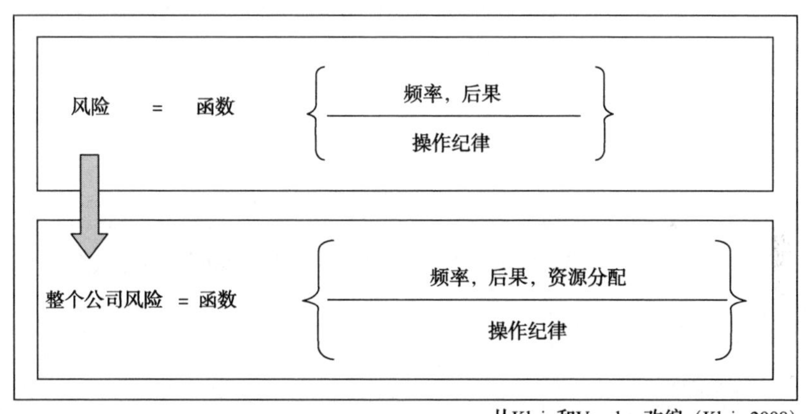

图 2-2 公司整体操作风险的一般等式

有效的 SHEQ&S 方案的好处包括：确保这些低频率、高后果的过程安全事件不会由于误解、沟通不畅或组织内部断档而丢失。在组织内部的低效集中可能会给组织带来更大的整体运营风险，因为分配太多的资源来解决一个组的相对风险，而牺牲足够的资源来解决影响另一个组的风险。整体风险的增加在图 2-4 的风险状况/资源分配图中示意性地显示。最优的、适当的风险缓解发生在自由和保守的界限之间，左边资源太少，右边资源太多并且潜在无效。公司的资源数量有限，必须有效分配以获得适当的风险缓解水平；它不能把资源转移到那些不把整体风险管理推向曲线中心的努力上。认识到除了在不同的 SHEQ&S 小组中处理的风险之外，还有其他风险，包括其业务和社会风险，重要的是要注意，每个组织必须有效地处理其风险，以保持业务。

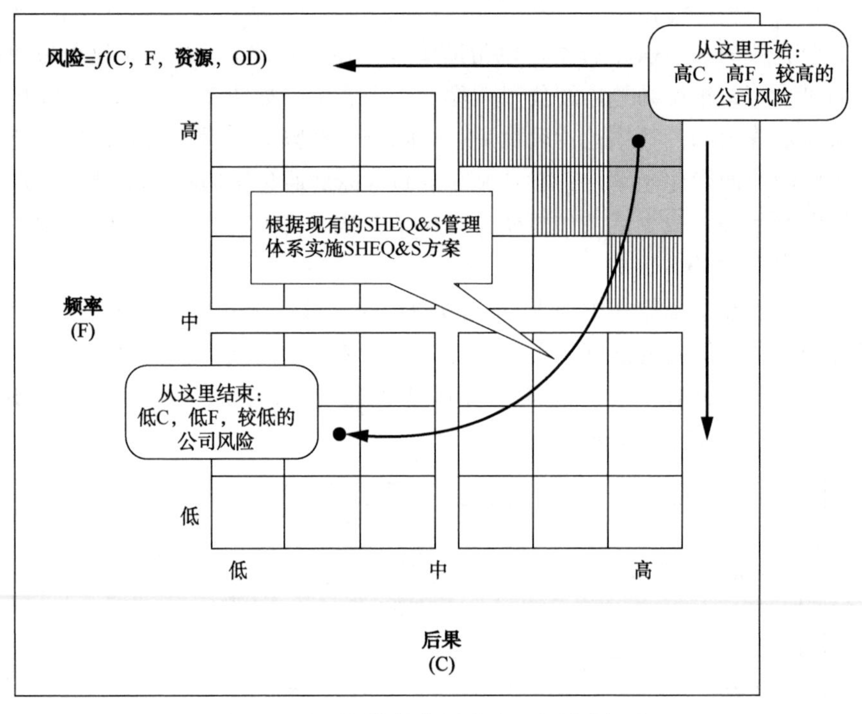

图 2-3　公司整体操作风险的一般风险矩阵

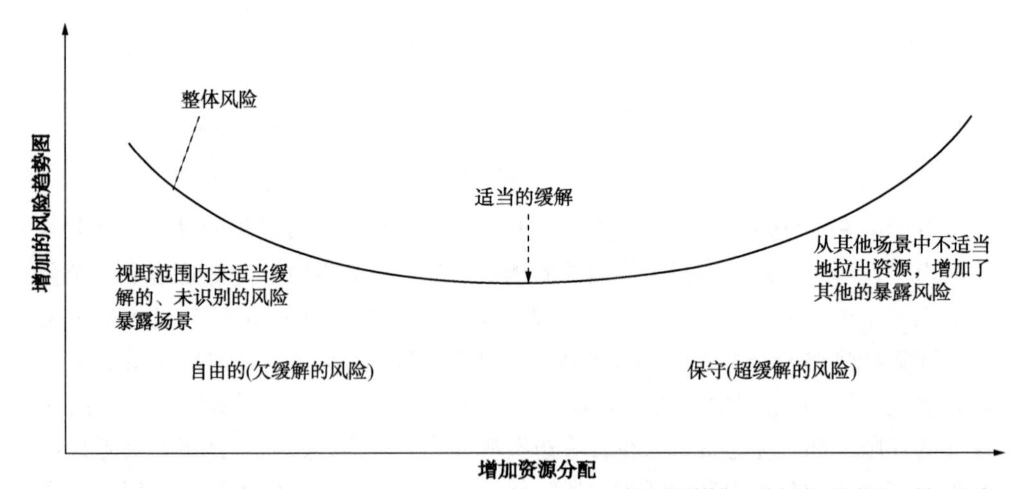

图 2-4　评估整体风险，确保适当的资源分配

举个例子，当公司的环境挥发性有机物(VOC)减排工作没有充分解决过程安全的危害和风险时，就出现了一个更大的操作风险。公司通过添加环氧乙烷焚烧炉以减少挥发性有机化合物(VOC)的排放来应对新的环境许可问题。不幸的是，焚化炉点燃了环氧乙烷的排放流，造成了闪回和随后的爆炸。四名员工受伤，装置停车近6个月(US CSB 2006)。可以设计一个有效的SHEQ&S方案，利用各组的资源，帮助公司在不同的小组达到“适当的运营缓解”风险水平。

2.3 制定初步计划

在制定整合计划之前，必须先建立“愿景”，愿景就是我们的目标。计划就是旅程。完全整合的系统将是什么样子？图2-5显示了这一愿景的初步形象，现有状态是左侧为SHEQ&S管理体系(“当前状态”)与右侧为SHEQ&S方案(“未来状态”)。由于不同的公司具有各自的管理架构，图2-5中的整体图可以定制为将每个单独的SHEQ&S体系整合到一个有效的SHEQ&S管理体系中，与整个企业管理体系相互作用(例如，目前的公司可能将“EHS”作为它的一个模块)。

此外，公司可能还有其他一些现有的管理体系，这些管理体系可能会影响到SHEQ&S方案的“未来状态”，例如处理预防损失，财产和意外伤害保险的管理体系，以及经过重大过程安全事件之后不可避免造成的工人赔偿成本。解决公司“绿色”工作或“从摇篮到坟墓”责任的可持续性和产品监督计划，也可以在整合工作中加以考虑。考虑到这些其他管理体系，本指南特别关注并讨论了SHEQ&S小组，认识到每个公司应该明确：它计划将哪些管理体系整合到最终体系中。

在很多公司，过程安全 & 环保小组和安全健康小组可能都是以自己的一套管理流程、程序、要素和资源独立发展起来的。经过审核的人员(无论是过程安全、安全工程、职业安全与卫生、环境、技术工程、损失预防、保险、质量或安全管理体系)都知道，在整个设施的计划和要素中都会被问到类似的问题(如事件调查、应急响应、文件记录等)。从企业审计角度和设施的资源配置角度来看，这种重复的努力不是增值，可以通过有效的SHEQ&S方案来消除。

通过整合与过程安全、职业安全与健康、环境、质量和安保小组常见的类似监管要求，加强的、精简的系统整合了管理它们所需的人力资源。这种整合将提供更加灵活的体系，能够将变化更加快速地融合在体系中。因此，由此产生的体系提供了一个更有效的指标面板，更好地传达不断变化的业务和监管要求。

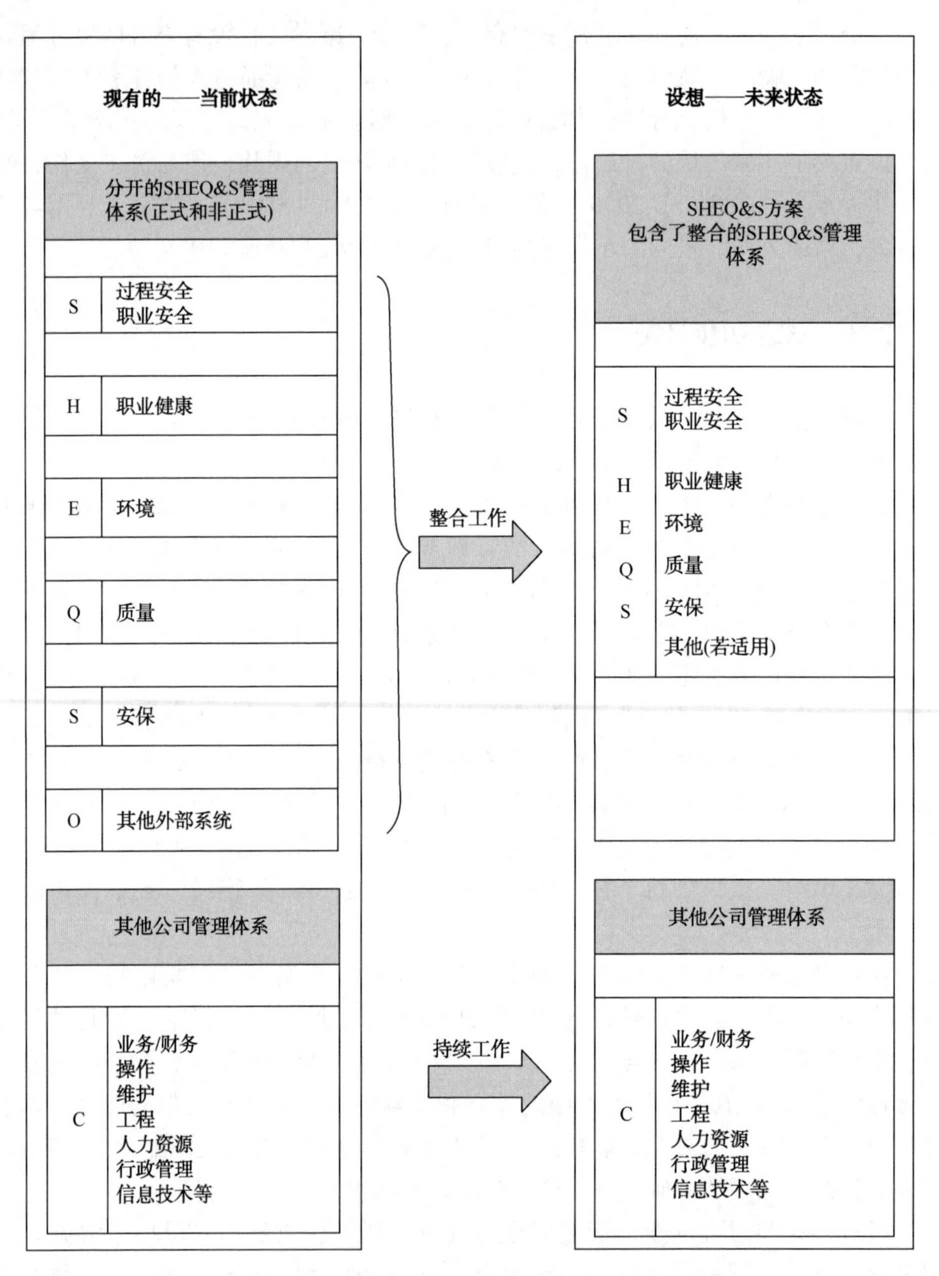

图 2-5 回答问题“最终系统看起来像什么”的初步设想

根据组织的 SHEQ&S 管理体系成熟度水平，可能需要编制额外的辅助材料用于证明这一努力。创建初步计划的过程可能包括以下步骤：

(1) 盘点目前 SHEQ&S 管理体系和要素。

本指南第 3 章介绍了制定详细清单的方法。

(2) 制定系统的初始列表，以便在各小组中进行整合。

这也在第 3 章中进行讨论。

(3) 确定影响整合的体系过程安全绩效的指标。

本指南第 4 章描述了一种风险评级方法来帮助识别这些通用指标。

(4) 证明 SHEQ&S 方案的有效性。

这在附录 D 的案例研究中做了说明。当试用 SHEQ&S 体系时，请参阅第 5 章的讨论。

(5) 评估来自其他公司管理体系的决策是否可能对 SHEQ&S 方案产生压倒性影响(例如，整合体系内的管理人员无法控制资源的可用性)。

这项评估工作超出了本指南的范围，但是组织必须在其整个组织管理体系中确定最薄弱的一个层面(最薄弱的层面)。测量所有体系是不现实的，组织生存的重点必须集中在最薄弱的管理体系上。

(6) 根据本指南整合组织的 SHEQ&S 管理体系。这有助于组织更有效地管理风险并提高过程安全绩效。

已经在第 8 章中提供了解决本章第 2.2 节中提到的资源分配问题成功实施 SHEQ&S 方案的例子。

2.3.1　探讨一些好处和问题

接下来的 3 节内容讨论了在将不同的小组整合到 SHEQ&S 方案之前需要解决的成本和收益问题。第 2.3.2 节探讨了一些 SHEQ&S 方案的好处。第 2.3.3 节解决了一些管理问题(即"成本")，第 2.3.4 节从整体管理的角度阐述了组织所得到的好处。每节都总结了 SHEQ&S 方案的好处和问题(表 2-2、表 2-3 和表 2-4)。

2.3.2　探讨一些 SHEQ&S 方案的好处

如前所述，除了提高效率和有效性之外，其他可能的好处还包括降低运营成本，加强问题解决，更有效的标准和程序，积极持续改进，有效的测量与合理的统计分析，以及满足公司内外客户的需求。由于这些方法都是基于典型的质量管理体系而设计的，因此从质量体系中借用并根据需要应用到其他小组是很自然的。表 2-2 总结了 SHEQ&S 方案的特殊好处，在证明和确保资源支持的情况下，特许给一个整合的 SHEQ&S 团队可能是有用的。

表 2-2 SHEQ&S 方案的潜在好处

系统的好处	质量管理方法	管理过程安全时的好处
降低了成本	使管理层能够降低与服务相关的成本和后果的成本	有助于降低与过程安全相关的整体服务，并降低与过程安全事件相关的成本
改善了解决问题的方法	要求组织中各个级别的人员都成为解决方案开发的一部分	可以帮助识别和验证过程安全相关的风险是否被那些提出变更的人忽略，特别是对于过程安全至关重要的过程设备。通过跟踪变更程序的管理和完成，如果需要的话，设备安装启动前的安全更新，所有受影响的团体将了解提议的变更
工作流程的统一	要求有书面的标准和程序，有计划的，有记录的审查和授权	帮助进行过程安全体系审计，这些审计需要书面的过程安全相关标准，书面过程相关的“关键”操作程序和书面过程安全相关的“关键”设备维护程序，这些程序在特定频率下受到控制、审查和更新。这些程序中的一部分可能会被识别出来，并且也属于特定的监管审查频率。通过整合集体特定培训包中的常见危害相关知识（例如设计和使用培训矩阵），帮助进行SHEQ&S 相关培训
持续的改进	要求在过程中不断完善。更好的效率和更高的质量始终是可能的	帮助员工寻找提高流程相关效率的方法，并帮助提高过程安全绩效。根据基线确定的差距，短时间内通常会发生显著的改善，然后持续稳步改善
清楚的识别措施	持续的改进依赖于对跟踪进展（或缺少进展）的关键过程参数的测量，帮助识别并在缺陷成为导致严重后果的危机之前主动纠正它们	通过使用“滞后”或“管末”指标，“领先”或“仪表板”指标，过程安全系统效率指标等不同类型的过程安全绩效指标，有效地跟踪过程安全绩效改进
良好的统计数据分析	统计概念被用来分析测量结果。通过适当选择测量类型（即谨慎、连续）和分析类型（趋势、基准等），可以测量绩效基线，并且随着时间的推移显示实际的改进	统计概念被用来分析绩效指标。通过适当选择测量类型（即谨慎、连续）和分析类型（趋势、基准等），可以测量绩效基线，并且随着时间的推移显示实际的改进。选择了数量较少的、可管理的指标，重点放在这些指标上并作出反应。因此，每个 SHEQ&S 小组都有自己的一套指标，人们不会被大量的指标所压倒
满意和参与的“顾客”	需要经过深思熟虑的努力来识别所有客户并满足他们的期望	使用过程安全透镜，最终的“客户”期望过程安全相关的努力来保护他们免受危害。这些客户是内部的，在工厂工作的员工，以及外部的，居住在周围社区的人

2.3.3 解决一些管理层的问题

开发、设计和实现SHEQ&S方案需要一些初始的资源成本，这取决于现有工作体系的成熟度。使用基于风险的方法在有意义时可以增加价值，而不是在高风险和低风险下应用相同的方法(CCPS，2007a)。确保整个组织的支持，无论是在企业、设施还是工艺装置层面，将取决于管理部门在处理其他成本和问题时如何处理安全问题。常见的问题包括执行成本高，对最终系统没有达到降低成本目标的担忧，对错过重要问题的担忧，以及最令人担忧的一种“失控”：因为部分组织的具体绩效改进不能再由其团队直接控制。表2-3总结了SHEQ&S方案的具体问题，包括潜在的实施成本，可以在确保对整个组织对SHEQ&S方案工作的支持时使用。

表2-3 潜在的管理层关注问题

管理问题	系统相关的问题	潜在的解决方案
较高的实施成本	潜在的成本包括为设计整合的SHEQ&S体系所需的团队分配资源，当组织对整合的体系更加熟悉，可能会影响设计、试验和实现过程中的性能	确定其他企业级别的计划在过去的进展如何，从它们的实施失败和成功中吸取经验，并将成功经验纳入拟议的整合的SHEQ&S试验中。由于没有规定的成功公式，短期成本将会增加。然而，这些初始成本将远远被公司的长期利益所掩盖
未实现成本削减目标	担心所提出的体系改变，整合的SHEQ&S体系，将不能成功地降低成本	整合的SHEQ&S管理体系在设计上是基于风险的。它将拥有更少的资源来跟踪和响应影响过程安全绩效的优先指标。这些指标将只被有效地度量和跟踪一次，从其他组中移除这种监视和跟踪职责，从而帮助降低成本
错过了重要的问题	这种担忧取决于现有体系的成熟度，特别是如果系统已经存在了很长时间。较早建立的体系应该已经通过审计和调查结果辨识并纠正了重大缺陷。较新的系统可能没有时间这样做	基于风险的过程安全方法确定了重要的过程安全绩效指标，以及用于监测和跟踪这些指标的现有正式和非正式系统。每个SHEQ&S小组的试点和实施工作都会存在差距
控制损失(受另一个小组决策的影响)	当一个组织的具体风险降低目标与另一个组织的一个或多个风险降低目标相冲突时，组织中报告结构的分工会使整合工作复杂化	确定处理有害物质和能量过程的日常需求。通过编制报告结构，可以确定不论什么级别的小组之间的工作人员。整合小组可以通过使用管理体系评估工具来识别和解决资源和风险相关的差距和冲突

2.3.4 分享一些管理层和公司好的做法

大多数管理者不需要太多的说服就能支持新项目，这些项目显示出个人利益和公司利益。因此，为了使整合的 SHEQ&S 的愿景得到支持，应从“个人”管理角度分享以下好的做法：①管理流程更少；②SHE 团队内的过程安全、职业安全与健康和环境问题的时间得到更有效的管理；③有更有效的变更管理；④有更好的绩效测量依据来支持决策；⑤持续改进工作流程变得无关紧要[在基于风险的过程安全(RBPS)方法(CCPS 2007a)中，提到了在有效管理过程安全时进一步讨论持续改进的问题]。表 2-4 总结了 SHEQ&S 项目的管理和组织优势。

表 2-4 管理层和公司的潜在好处

好 处	SHEQ&S 方案的使用
减少了管理流程	整合 SHEQ&S 管理体系的 SHEQ&S 方案将减少整个组织管理人员的关注
安全、健康和环境问题的时间	SHEQ&S 方案将帮助管理者更有效地管理在过程安全、职业安全和健康以及环境问题上所花费的时间。对于其他小组的管理者来说，“过程安全”只是他们全部责任的一小部分。因此，整合的 SHEQ&S 管理体系将为其他小组的管理者提供更多的时间来关注影响他们团队的需求
更有效的变更管理	SHEQ&S 方案是有意识地建立起来的，以适应不可避免的变化。当新的安全、健康和环境法规出现时，工艺技术更新时，或者设备相关的持续改进措施被提出时，变更将得到更有效的管理以帮助识别和减少相关的过程安全相关风险
更好的绩效测量	SHEQ&S 方案将主动找出改善过程安全绩效的差距，从而防止对人员，环境和财产的潜在危害。基于风险的指标将在各小组之间进行识别。将对其进行有效的监测、跟踪、监测和评估，并在需要时处理差距
更好的外部(收费)管理	SHEQ&S 方案融合了产品管理(“从摇篮到坟墓”)的理念，可以扩展到为公司提供服务的外部收费组织。管理公司物料仓储业务的专业承包商必须了解有害物质以及公司如何管理相关风险
持续改进	SHEQ&S 方案在管理过程中不断完善。如果不处理不断变化的世界及其对本组织整体绩效的外部影响，任何成功的组织都无法长期生存

2.4 安全文化的重要性

除了领导支持之外，强大的安全文化对 SHEQ&S 方案的成功至关重要。强大而健康的过程安全文化有助于预防伤害、挽救生命、提高生产力。英国健康和安全执行委员会将安全文化定义为"……个人和群体价值观、态度、能力和行为模式的产物，这些价值观、态度、能力和行为模式决定了对组织健康和安全计划的承诺、风格和熟练程度"（HSE 2002）。有人提出了一个更简洁的定义："安全文化就是当没有人看管时，组织部门是如何行动的"（CCPS 2015）。

良好的安全文化使人们能够质疑当前的工程和行政管理，认识并抵制自满情绪，追求卓越，促进个人责任和企业自律。在高度可靠的组织中，人们了解如何有效地应对事件发生时的不确定性，识别危险材料或能源威胁，并以根深蒂固的价值观安全行事。由于超出了本指南的范围以解决人们如何通过有目的和安全的行为来最佳地实现其目标，读者应该查阅其他参考文献，以了解在一个高度可靠的组织的各个层面上对强大和健康的过程安全文化的需求（ACS 2013，Bond 2007，CCPS 2015，Ciavarelli 2007，Dekker 2007，Gunningham 2011，HRO 2013，Koch 2007）。

总之，过程安全文化是一个安全可靠的组织所固有的一种文化。强大而健康的安全文化反映了组织中每个人的行动、态度和行为，以过程安全为核心价值。过程安全只是工作方式的一部分。

2.5 确定利益相关者

SHEQ&S 项目的"利益相关者"是那些受整合系统影响并从中受益的人。他们的需求和关注点必须得到识别和处理，以便系统有效地减少整个组织的工作量。从质量管理的角度来看，利益相关者是供应商和客户，对于 SHEQ&S 体系，供应商实际上是测量特定过程安全指标的小组；而客户是使用决策制定指标的那些人。

在提高过程安全绩效的情况下，有不同需求的利益相关者对安全设施运营感兴趣并从中受益，包括：

- 员工——希望获得安全的工作场所，包括操作员、维护人员、实验室技术人员和技术人员（包括组织内各级的 PSM 要素所有者）。
- 承包商（内部；位于设施内）——期望获得安全的工作环境，并了解他们在实现这一目标中的作用。
- 承包商（外部；收费操作，为公司提供服务，收取相关费用）——在使用设备时，要求他们了解加工和材料危害。
- 管理人员——要求易于使用和有效的管理体系，涵盖所有过程安全、职业安全与健康以及环境问题。

- 业主——不希望公司的价值受到不良表现的伤害。
- 邻居——需要确保他们不会受到操作的伤害。
- 当地政界人士和社区领袖——可能欢迎在社区就业，但担心风险可能过高。
- 监管机构——期望遵守所有法规和标准。

工艺装置层面、设施层面和企业层面代表组织中的一系列供应商和客户，最终客户是整个组织。工艺装置指标在工艺装置层面使用，在设施层面使用编辑和汇总的指标，在企业层面使用编辑和汇总的设施指标。考虑到这种方法，由于SHEQ&S体系监控指标的有效实施，最终的"产品"是改进的过程安全绩效。

"客户链"的活动或管理流程包括信息、原材料、设备和/或产品。尤其是，危险材料和装备所需的设备或资产位于工艺装置层面。这些设施可能包含一个或多个工艺单元，并且在地理上被来自周围地区的围栏(它们的"围栏线")围住，无论是否居住。公司可能在世界各地包含一个或多个设施，每个设施都有必须控制危险物质和能源的工艺装置。图2-6显示了这三个层次的示意图，注意到具有相似技术和危害的"业务单位"，可能通过将工艺装置分布在不同的设施中而使组织结构复杂化。

SHEQ&S体系的利益相关者包括位于每个层面的人员，包括专门针对特定业务部门(这些是"内部"利益相关者)的人员。从工艺装置层面到企业层面和业务层面的客户，依靠对危险原材料和产品的有效管理，对设备设计、制造、安装、运行、维护和更换的完整性进行控制以管控危险材料和能源，并管理危险的过程安全系统和方案的有效性。由于围墙内残留的危害，业主、邻居和当地社区实质上是"外部"利益相关者。

2.6 小组之间共享资源

组织的各个级别一般都有四种资源：

- 人员——有知识和技能的人事配置；
- 物质——设备、材料、部件和土地；
- 财务——资本、服务和其他支出的预算；
- 信息——用于公司各个层面的决策。

高层管理者必须推动健康的文化，重要的文化价值包括安全、环境管理、道德和尊重他人。人们需要清楚地表明想要的东西。每个人都需要知道他们在哪条路上，他们到达目的地的角色是什么("愿景")。如果有合适的工具来完成工作，人们就会做得很好。如果公司有有效和高效的系统来帮助员工完成工作，并有足够的信息作出决策以及充足的资金，那么这家公司就可以实现所有的目标。

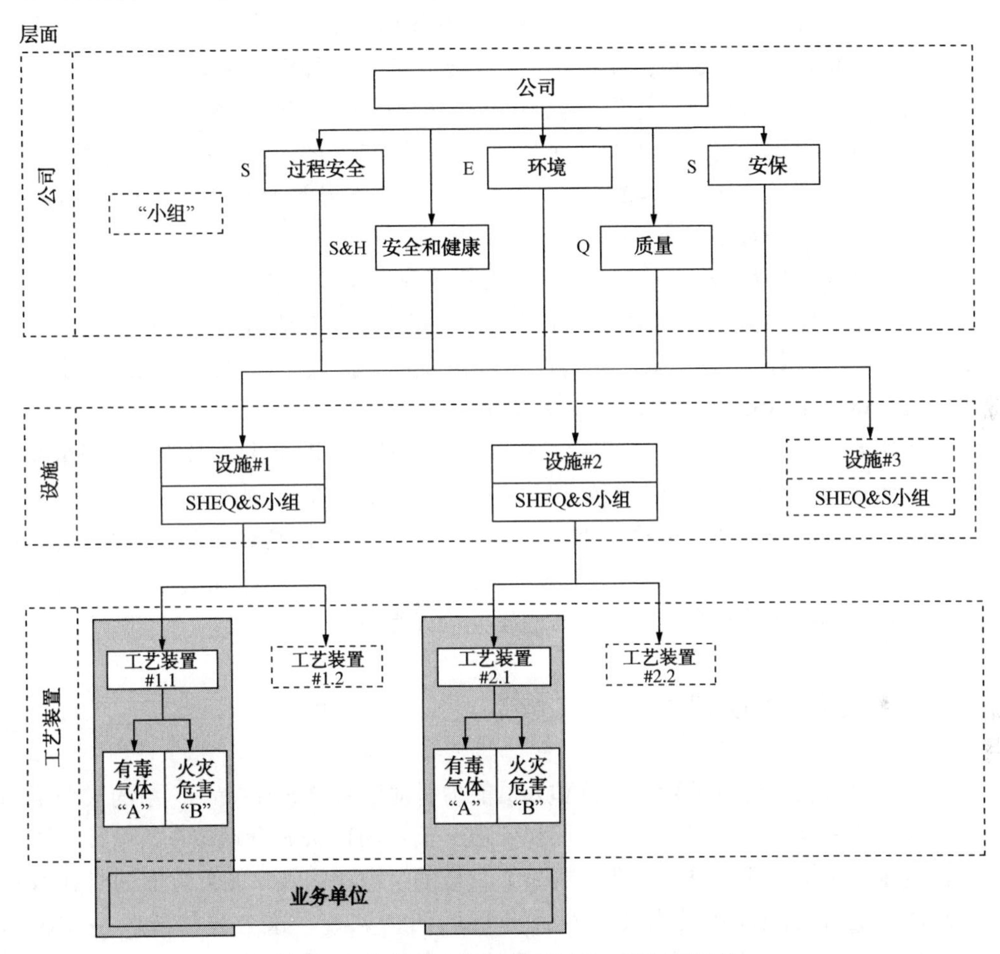

图 2-6　本指南中使用的术语的一般组织架构

2.7　SHEQ&S 体系案例

本指导方针制定了一个详细的案例研究，以帮助说明设计和实施有效的SHEQ&S体系。案例研究基于一宗导致承包商人员死亡的事件（美国 CSB 2011a），根据 CSB 报告阐述，并探讨了可能导致事故发生的原因。特别是案例研究识别了整个组织中的管理决策，随着时间的推移会对设备生命周期的运行和维护阶段产生不利影响。Trevor Kletz 解释道："你可能不同意我认为的原因，但事件发生了，我们需要做一些不同的事情，确保不再发生。”事件的确发生了，导致承包商人员死亡。

案例研究探讨了减少设备预防性维护计划如何对事件产生影响，并指出这种削减被认为是重大事故的起因，导致死亡、受伤、严重的环境危害和重大的财产损失。时任美国化学品安全与危害调查委员会主席乔恩·布雷斯兰德于2009年表示：

即使在经济低迷时期，也必须保持必要的过程安全措施支出……企业应该权衡每一个决定，确保工厂(工艺单元)员工、承包商和社区的安全。从长远来看，持续投资安全的公司将在未来获得利益(CCPS 2009b)。

本案例研究的设备操作和完整性框架基于附录E中简要介绍的设备生命周期。不同操作组的决策影响设备的许多生命周期阶段，包括运行和维护阶段。正如CCPS RBPS指南所述，资产完整性及可靠性是维护设备和有效管理过程安全风险的关键因素(CCPS 2007a，Sepeda 2010)。

案例研究表明，有效设计和实施的SHEQ&S体系有助于主动识别过程安全漏洞，从而在为时已晚之前有时间处理和纠正问题。详细的案例研究使用RBPS方法来帮助描述随着时间的推移而增加的过程安全风险。特别是，案例研究表明，如果设备未按照其预防性维护计划进行维护，设备不在其设计规格范围内运行，组织的整体操作风险将会增加。本案例研究的详细情况见附录D。

2.8 调查能力差距

组织内各层次的可见管理支持和人员能力，对于整合SHEQ&S体系的成功至关重要。如果能力差距未能及时发现和处理，整合SHEQ&S管理体系的设计、试点和实施工作将受到威胁。本部分概述了为帮助组织评估领导能力方面的潜在差距并评估现有管理体系的潜在差距而开展的两项调查。这个评估阶段是整个SHEQ&S整合“项目”中图2-1所示的第二阶段，帮助组织在设计其整合的SHEQ&S管理体系之前评估和识别潜在的差距。

这两个评估调查是使用CCPS提供的基于风险的过程安全(RBPS)管理体系进行构建的(CCPS 2007a，Sepeda 2010)。基于以下基础，确定了成功管理体系的20个支柱：

① 对过程安全的承诺；

② 了解危害和风险；

③ 管理风险；

④ 经验学习。

对于这两个调查，RBPS 框架列在行中，具有不同的 SHEQ&S 或过程安全相关响应在列中列出。调查中的问题有助于识别潜在的管理体系和潜在的人员能力差距。

这些调查在附录 F 和附录 G 中提供，并简要说明了每项调查。

附录 F："SHEQ&S 管理体系摸底调查"

*前提是：*通过了解和加强现有的管理体系，成功地减少对 SHEQ&S 团体的工作需求，而不是创造新的工作流程。

SHEQ&S 系统映射调查中提出的问题主要集中在 SHEQ&S 团队用于管理组织操作风险的系统上。由于全球组织在不同的司法管辖区和法规下都有设施，因此其企业标准和指导方针必须以绩效为基础，允许每个设施制定规定的、特定设施的标准和准则。

附录 G："过程安全人员能力调查"

*前提是：*组织内各级有能力的人员，成功实施整合 SHEQ&S 管理体系。

过程安全能力调查中提出的问题侧重于应用企业和工厂的过程安全特定管理体系的人员。人员问责任的差距，如果有的话，很快被确认，有助于确保每个人都知道自己的角色是什么，从负责提供资源执行公司或设施计划的人到负责执行设计、建造、运营或维护在现场的设备。

这些调查旨在评估组织内各级 SHEQ&S 小组的管理体系和人员能力。为了成功设计、实施和持续发展整合的 SHEQ&S 体系，必须了解和解决这些调查在确定的过程中与安全有关的角色和责任的差距。

3 评估各小组的危害和风险

本章强调了建立一个共同的过程安全相关风险降低基础的必要性，重点关注工艺装置特定的危险材料和能源及其可能造成危险后果的风险：有毒释放、火灾、爆炸和失控反应。然而，每个 SHEQ&S 小组都有其他特定的群体相关危害以及群体特定的风险降低努力，此外，如图 1-2(第 1 章)中所示的与其他小组没有重叠的指标。

值得提醒的是，本指南侧重过程安全相关的危害；尤其是影响 SHEQ&S 项目所选择的过程安全绩效的指标，在某些情况下，这些指标可能会对其他小组的绩效产生重大的影响，并有助于提高其绩效。最终，过程安全小组提供的指导意见，就是工艺装置中负责日常操作的一线人员，对过程安全指标具有最直接的影响。

3.1 评估危害和风险的必要性

企业想要保持竞争力，取得成功，就需要了解其自身(整体经营)的危害和风险，以负责的态度管控经营风险，并根据内外需求的变化不断调整升级策略。企业级过程安全风险策略定义了其可承受的过程安全风险，期望其每个工艺设备都可安装控管系统来控制和管理每个工艺装置中的有害物质。如果在工艺装置级别就没有正确处理，那么其潜在的高风险恶后果事件可能会摧毁企业。图2-3 显示了一个公司的总体风险矩阵，其目标是实施工程和行政控制，将风险降低到可接受的水平，然后管理运营风险。

对企业而言，那些关乎自身生存和保持竞争力的重大决策往往很难做出，因为每个 SHEQ&S 小组之间的互动非常复杂，这些互动也包括与法律、业务/金融和人力资源等其他重要的公司相关团体的互动。如果一个公司不能正确解读这些复杂的互动，那么在不考虑另一个小组的努力的情况下实施任何一个小组的最高风险降低措施，都可能会将整体运营风险增加到不可接受的水平。不幸的是，当一个小组降低运营风险的决定没有充分解决整个组织的影响时，那些存在于许多行业的历史运营中，并已经造成了死亡和严重的环境危害的重大事故将继续存在；这些行业不仅包括化学工业和炼油工业而且涉及航空和核工业。

3.2 确定和优化关键流程和风险

如 ISO 14000 等管理体系要求公司确定关键流程和相关风险。大多数公司已经制定了关键的，并且可测量每个 SHEQ&S 小组管理体系的健康状况绩效指标，来帮助他们优先考虑资源，以解决每个小组的绩效差距。Buncefield 事件发生后，英国 HSE 委员会开始要求其化学工业将“警告标志”指标与设施的位置和风险联系起来（HSE 2008，HSE 2011a）。因此，专门用于公司过程安全风险管理的系统，重点关注控制工艺装置的有害物质和能量，来测量其预防和缓解屏障的表现。这些警告标志（领先指标）与事件（滞后指标）之间的区别在第 1.8 节中有所描述。

可处理可能导致有毒物质释放、火灾和爆炸的有害物质和能源的工艺装置是 SHEQ&S 方案的关键设施。每个公司都必须了解其在现场以及周围社区的潜在过程安全相关后果，并确定可承受的风险级别。

为了帮助识别过程安全风险并确定其优先级，尤其是那些与有害物质和能源泄漏有关的风险，可以使用领结图（图 3-1）。左边的威胁影响到每个 SHEQ&S 小组，所有对其他小组的威胁都相当于对过程安全小组的威胁。预防性屏障专门设计用于防止危险物质或能源泄漏，而右侧的缓解屏障旨在减少这种泄漏的后果。

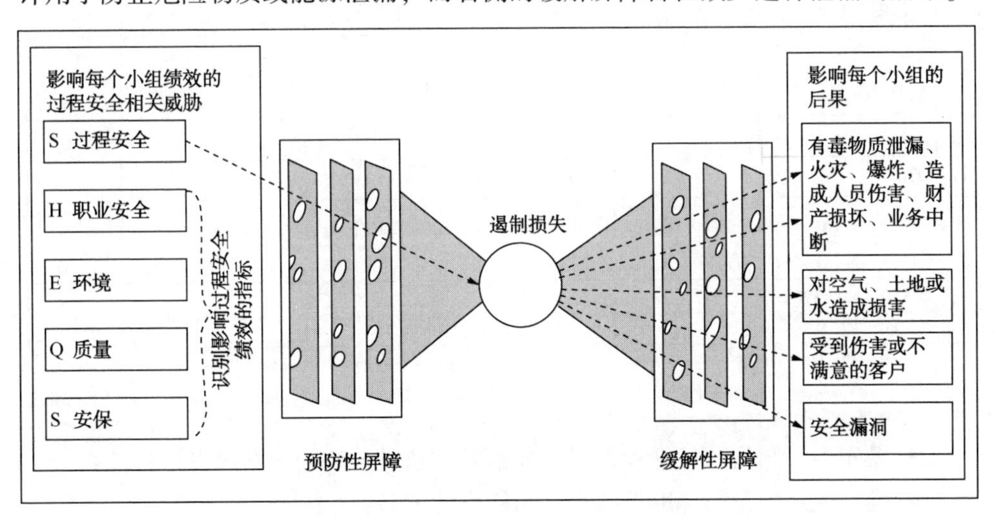

图 3-1 领结图作为帮助确定影响过程安全绩效的指标的框架

3.3 选择潜在的指标

本指南的其中一个目的是帮助组织从影响过程安全绩效的多种指标中进行选择，以确保最低的整体运营风险。一旦确定了关键过程及其相关的危害和风险，就可以优先选择关键指标。每个小组已经在一定程度上测量了小组的具体指标；第4章中详述的综合练习可以用来在小组之间建立一种共同的语言。

一般来说，SHEQ&S小组之间的共同语言(第1章图1-2中所示的常见重叠指标)可以用表3-1中的矩阵表示。根据这张表格，SHEQ&S方案可以识别和使用一些通用指标。有一些常见的领先和滞后指标，可用来测量控制有害物质和能量的系统的健康状况。这些指标可以测量运营风险，帮助保护人员、环境和资产。领先指标可以识别对产品质量、环境许可偏差或潜在泄漏事故的不利影响。滞后指标可以确定泄漏的后果，测量有毒物质释放，火灾或爆炸造成的伤亡、环境危害或财产损失。

表3-1　影响过程安全性能的通用指标组之间的潜在交集

SHEQ&S小组		影响过程安全绩效的指标：解决潜在的生命和健康危害						
		领先指标			滞后指标			
		操作	维护	变更	遏制损失	有毒释放	火灾	爆炸
S	过程安全	✓	✓	✓	✓	✓	✓	✓
H	职业安全	✓	✓	✓	✓	✓	✓	✓
	职业健康	✓	✓	✓	✓	✓	✓	✓
E	环境	✓	✓	✓	✓	✓		
Q	质量	✓	✓	✓	✓			
S	安全	✓			✓	✓	✓	✓
具有可能影响过程安全绩效的指标的小组数量		6	5	5	6	5	4	4

注：第4章提供了可以为每个危害/小组选择可能的过程安全绩效指标的详细信息。

以下为领先指标的一些示例：

- 操作——测量与标准操作限值的偏差，超过过程和设备的设计条件；
- 维护——测量与标准设备测试和检查的偏差；

• 工程——测量与原始设备设计意图的偏差。

滞后指标的一些示例：

• 事故未遂——测量偶发事件；若条件略有不同，后果会更严重(即假如事件发生在不同的时期，更多的人会受到伤害)；

• 遏制损失——测量救援系统的激活(超出安全设备设计)和测量泄漏(大小)。

3.4　关注过程安全绩效

一旦在组织中的各个级别确定了度量指标，就必须随着项目的发展设定定期检查、验证和更新改进目标，并在整个组织内共享进度信息。虽然对过程安全绩效的成功进行监控和共享是很重要的，但是识别和纠正过程安全系统的弱点、缺陷和差距同样必不可少。

一个成功的且有助于确保监控绩效差距和跟踪改进的情况过程，需涵盖企业、设施和工艺装置的领导方面：

• 清晰明确地致力于改善过程安全绩效；

• 清楚地识别和跟踪过程安全绩效指标和差距；

• 明确赋予管理过程安全的责任；

• 明确负责具体过程安全相关的工作的人员的职责，以显示具体指标方面的持续改进。

尽管每个 SHEQ&S 小组都将在项目框架内跟踪过程安全的特定指标，我们还是提供了如何使用指标来推动绩效改进的一般流程的指导(第 7 章和 CCPS，2010)。我们的目标是通过 SHEQ&S 系统，并使用通用和小组特定的指标来测量组织的过程安全绩效，最终来有效地监控和跟踪过程安全绩效改进。

3.5　重新评估持续改进的指标

不管 SHEQ&S 方案的初步设计有多好，总会有持续改进的机会。此外，随着时间的推移，法规、工艺装置、人员配置和管理流程也会发生变化。随着对过程安全、职业安全与健康、环境、质量和安全危害的认识的不断提高，我们也为小组工具箱添加了新的技术。持续改进不是偶然发生的；它需要有意的尝试，从而将其纳入整个过程中。所开发的框架必须包含持续改进的所有要素，包括确保所提出的改变不会给其他小组带来新的问题的反馈回路。因此，如果整合系统想要能够经受住时间的考验，对管理过程进行持续改进就显得至关重要。

在第 1 章图 1-3 介绍的 SHEQ&S 项目 PDCA 生命周期的整体框架中，有几个针对持续改进的要素需要囊括其中。基本的 PDCA 结构确保了现有系统中的任何缺陷都将在所有小组中得到识别和纠正。这包括管理过程中的一些步骤，这些步骤可以确定需要完成哪些活动(计划)、应用活动(执行)、测量和/或审查活动以确保系统按预期工作(检查)，并实施更改以纠正任何问题(行为)。尽管并非所有步骤都始终有效，但整个管理过程应确保所有持续改进活动定期进行。

由于持续改进需要一个反馈回路，以确保所提议的改变不会引发新的问题，因此另一个观测改进效果方法是通过图 3-2 中所示的 PDCA 生命周期透镜来确定。几个阶段总结如下，从“你从这里开始”箭头起始，返回到相同的起点(持续改进周期)：

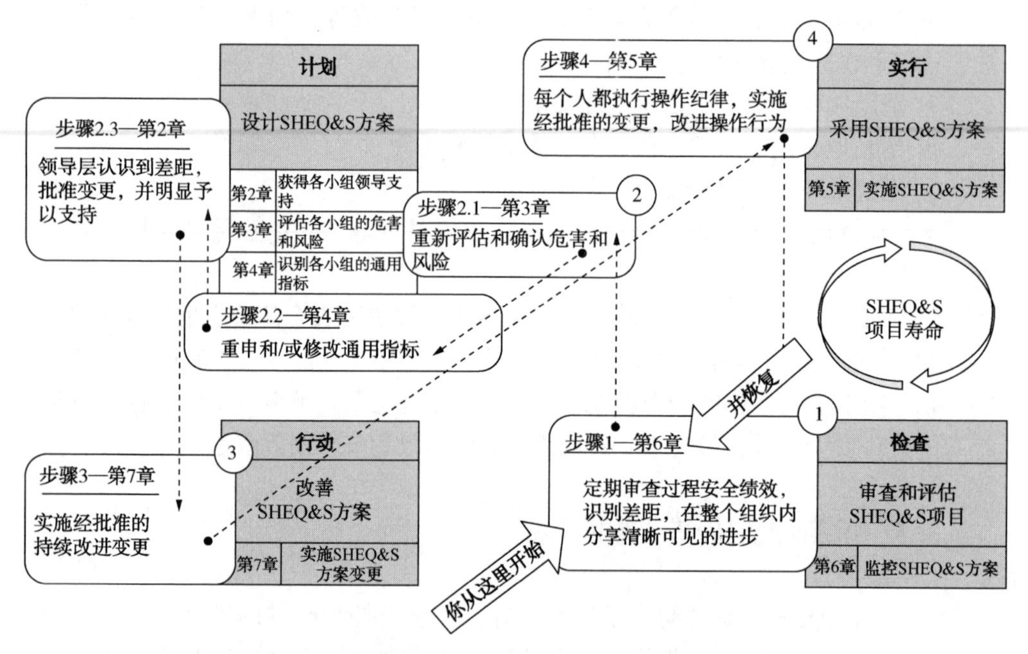

图 3-2　在整个 SHEQ&S 项目生命周期中持续改进

阶段 1：检查

监控 SHEQ&S 方案性能(第 6 章)

定期审查过程安全绩效，确定过程安全系统差距，并在整个组织内共享清晰明了的改进工作进度。

阶段 2：计划

阶段 2.1 评估各小组的危害和风险(第 3 章)

根据指标重新评估过程安全危害和风险，以及建议的过程安全系统的改进。

阶段 2.2 确定各小组的通用指标(第 4 章)

重新确认或修改过程安全绩效指标。

阶段 2.3 确保各小组的领导力支持(第 2 章)

领导层认识到过程安全体系的差距，并批准过程安全体系的变更，对改进和再次确认或改变的指标提供明显的支持。

阶段 3：行动

实施 SHEQ&S 方案的变更(第 7 章)

通过重新确认或更改的指标来实施批准的过程安全系统变更。

阶段 4：执行

实施 SHEQ&S 方案(第 5 章)

每个人都利用操作准则来应用批准的过程安全系统变更，并改善组织各个层面的操作。

这些持续改进阶段并非一直有效。为了安排对这些过程安全绩效指标进行评估并解决发现的绩效差距，需要定期审查并提供明确的领导力支持，这对于安全可靠的运营至关重要。公司的生存取决于这些评估。

3.6 SHEQ&S 小组的绩效影响示例

当在企业层面上识别和监控“主要”过程安全绩效相关指标视图时，整个组织需要的工作量就会减少，因为过程安全相关绩效差距的关闭将会缩小影响其他 SHEQ&S 小组的差距。本节将介绍两个关于过程安全绩效如何对其他小组的绩效产生积极和消极影响的案例。案例 1 显示了在度量指标受到监控时整个运营风险的改进(积极结果)。案例 2 显示了缺乏监控对其他小组的表现产生不利影响(消极结果)。第 8 章提供了其他示例。

案例 1(正面影响)：陶氏化学公司

根据对陶氏化学公司过程安全表现改进 10 多年的跟踪，我们发现陶氏化学公司的整体运营风险得到了积极的改善(Overton 2008)。如图 3-3 所示，相对于同一时期的一次围阻损失(LOPQ 事件降低了 72%，伤害和疾病降低了 84%)，其过程安全关键事件(PSCM)减少了71%。

根据报道：

“换句话说，在过去的10年中，有13000名员工未受伤害或生病，一次遏制损失未发生事件10500起，未发生的过程安全事件有1100起。”

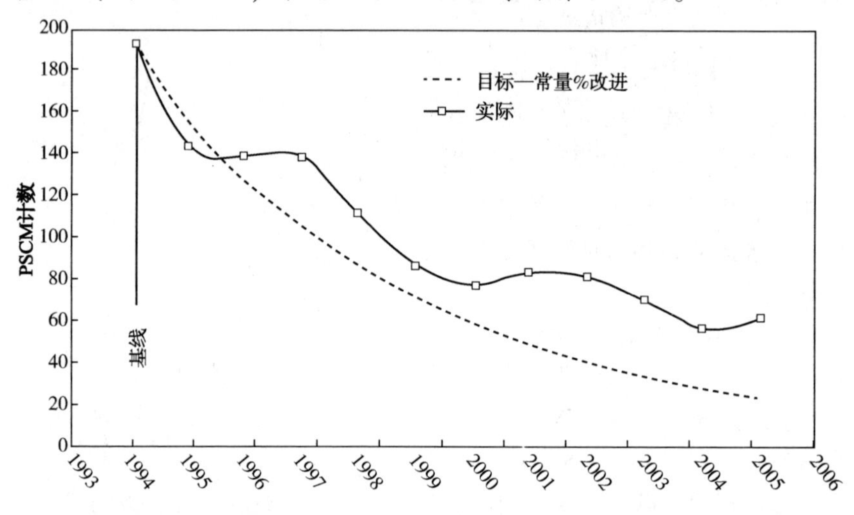

图3-3　在监控和响应过程安全指标时，陶氏化学公司过程安全绩效的改进

案例2(消极影响)：遏制损失事故

如表3-2中的事件所示，有害物质的遏制损失可以忽略不计，或对其他小组具有显著的不利影响。西弗吉尼亚州的少量光气泄漏和大量的甲基异氰酸酯泄漏[博帕尔的MIQ释放导致死亡(US CSB 201b，Atherton 2008)]。少量光气泄漏对职业安全和健康小组造成影响，大量的甲基异氰酸酯泄漏对职业安全和健康、环境、质量和安全组织造成影响(见后面的评定说明)。此外，博帕尔的毒性释放造成数千人死亡和受伤，同时造成地下水污染。

快进至今天的世界，利用当今的安全驱动漏洞评价，一次设施选址研究就可以根据存储的MIC数量与邻近社区的距离，将位于博帕尔的设施位置确定为高风险设施。联合碳化物公司不再存在，部分原因是博帕尔事件所致；如果一个公司的产品不符合客户的质量要求，那么就可能产生同样的后果。因此，确保优质产品的先导指标可以衡量是否偏离了设定的加工设计条件，同时还可以确定引发应急响应的偏差以及受控的工艺装置停车。如果落实了有效的SHEQ&S方案，公司可能因为在整个组织内的信息共享而预知其组织内的运营风险没有得到妥善管理，从而避免这些事件的发生。

表 3-2 遏制损失事件对不同 SHEQ&S 小组的不利影响

<table>
<tr><th colspan="2" rowspan="2">SHEQ&S 小组</th><th colspan="2">光气的少量释放①</th><th colspan="2">甲基异氰酸酯的大量释放②</th></tr>
<tr><th>领先指标③</th><th>滞后指标④</th><th>领先指标③</th><th>滞后指标④</th></tr>
<tr><td>S</td><td>过程安全</td><td rowspan="5">危害和风险分析；设备设计和完整性；操作限值</td><td>死亡</td><td rowspan="5">危害和风险分析；设备设计和完整性；操作限值；紧急响应</td><td>死亡</td></tr>
<tr><td rowspan="2">H</td><td>职业安全</td><td>死亡</td><td>死亡</td></tr>
<tr><td>职业健康</td><td>死亡</td><td>死亡</td></tr>
<tr><td>E</td><td>环境</td><td></td><td>地下水污染</td></tr>
<tr><td>Q</td><td>质量</td><td></td><td>业务受损</td></tr>
<tr><td>S</td><td>安全</td><td></td><td></td><td>漏洞分析</td><td>社区(公众)致命事故</td></tr>
<tr><td colspan="2">指标可能会影响过程安全绩效的小组的数量</td><td>5</td><td>3</td><td>6</td><td>6</td></tr>
</table>

① 参考：美国化学品安全委员会(CSB)，“调查报告，E. I. 杜邦 De Nemours&Co.，Inc.，Belle，West Virginia”，报告编号 2010-6-1-WV，2011 年 9 月。

② 参考：Atherton，John 和 Frederic Gil，“确定过程安全的事件”，CCPS/AIChE 和 John Wiley&Sons，Inc.，Hoboken，NJ，2008。

③ 事件发生时不测量；可能已经测量和跟踪的潜在警告标志，有助于防止许多过程安全系统发生死亡事故(例如，在知道设备不再符合设计规格的情况下，设备完整性测试和检查可能防止了遏制损失)。

④ 实际事件的后果。

4 确定各小组的通用指标

尽管有很多指标可以选择来监视和跟踪过程安全绩效，但必须注意确保选择的指标适用于组织中的每个级别。负责提高过程安全绩效的企业、设施和工艺装置层面的人员，必须能够有效地跟踪、监控和响应指标。选择不当的指标会阻碍有效的决策。

本章提供了一种确定影响过程安全度量指标的方法，帮助整合 SHEQ&S 小组的通用度量指标，并帮助减少小组的工作量。本章的结构如图 4-1 所示；一个组织使用其现有指标跟踪管理系统来形成有效的 SHEQ&S 体系的基础。关键的利益相关者的价值和外部需求，以及任何非正式的管理系统，将在第 4.2 节~第 4.4 节中描述，以帮助开发 SHEQ&S 体系。第 4.5 节中描述了被特许确定重叠指标的 SHEQ&S 指标选择团队，第 4.6 节还给出了小组的指标优先级方法。本章继续描述了为 SHEQ&S 体系开发初始小规模试点的方法，该体系整合了基线研究的管理系统(第 4.7 节)。然后，基线研究的结果用于在整个组织全面实施 SHEQ&S 体系之前改进该体系(第 4.8 节)。关于制定、实施和响应试点方案的细节，在第 5 章第 5.3 节中做了更详细的说明。

4.1 确定通用指标的必要性

确定通用指标对于成功地改善过程安全绩效至关重要。但是，在开始设计有效的 SHEQ&S 体系之前，了解每个小组如何管理其特定的指标非常重要。成功地减少对 SHEQ&S 小组的工作需求取决于对现有管理体系的了解和改进，而不是创建新的工作流程。幸运的是，这些管理体系的差异和相似之处可以在确定指标的同时进行识别。管理体系存在于工艺装置层面、设施层面和企业层面。一旦确定了每个 SHEQ&S 小组的指标，就可以根据需要评估和整合这些管理体系之间的相似性，以减少监控的工作量。采用这种方法，重要的是要认识到，为其他级别选择的指标是基于在工艺装置级别选择的那些指标，其中有害物质和能量是由作业人员进行管理的(CCPS 2010，CCPS 2011 和 HSE 2006)。

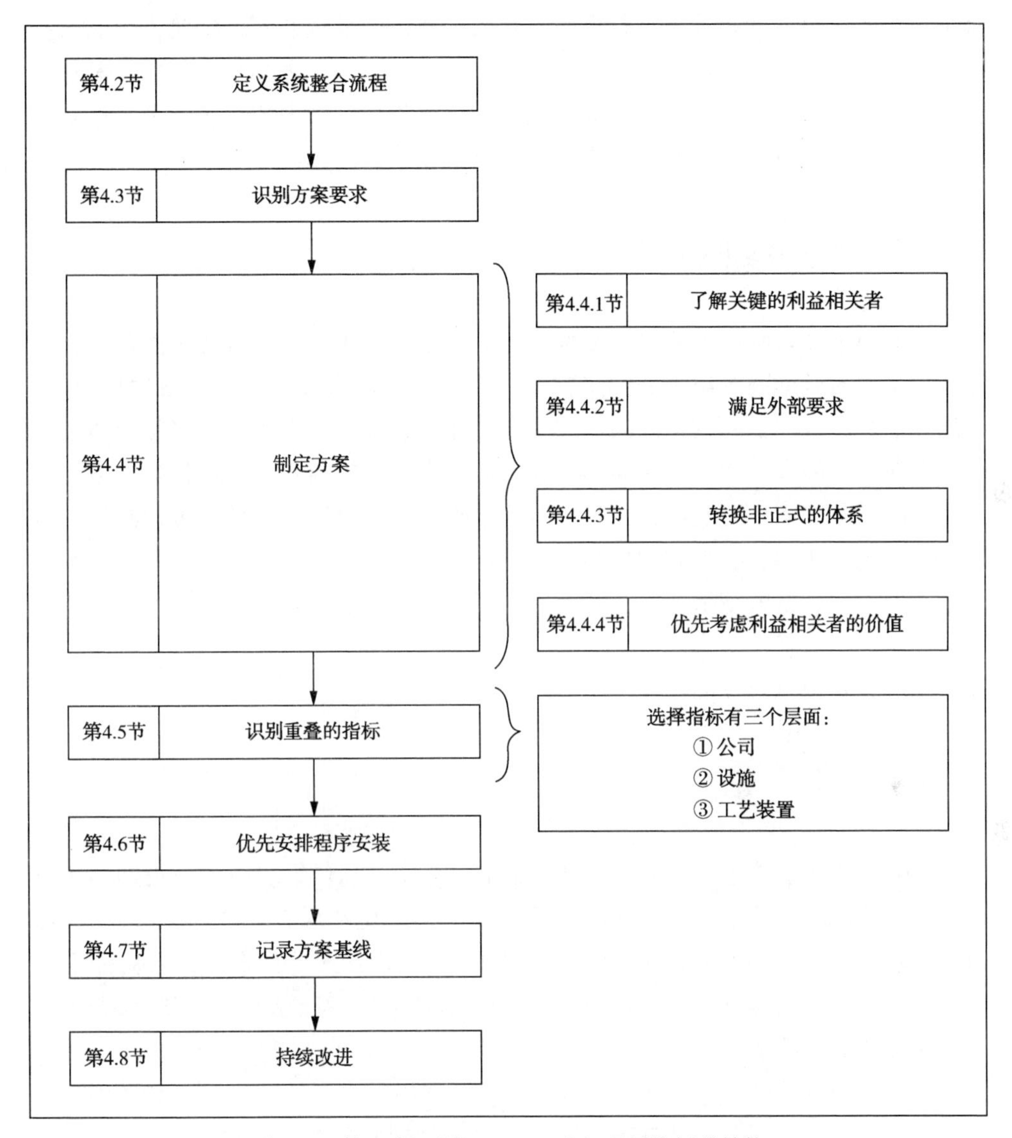

图 4-1 第 4 章识别 SHEQ&S 小组通用指标的结构

4.2 定义系统整合过程

整合过程必须由代表每个 SHEQ&S 小组的跨学科团队来定义。该团队应该在共同风险领域、适当共同风险控制、影响过程安全绩效的指标，以及可用于帮助每个小组改进绩效的指标上进行巩固并达成一致。当发现共同风险时，团队选择的指标应包括领先和滞后指标，这有助于SHEQ&S小组有效监控其风险。利用整合系统的设计，过程安全小组将拥有最多的监测指标，因为SHEQ&S体系的重点是确定相对于所有其他组监控的影响过程安全性能的指标。

4.3 确定方案的要求

SHEQ&S体系监控指标的需求需要在工作流程的所有功能组之间清楚地标识和维护，以有效地减少组之间的工作量。在了解和加强现有管理体系的情况下，可以建立协同效应，并在不同的组织层面简化报告。系统中的要素应包括清晰地明确企业、设施和工艺装置层面的管理和运营责任。控制和验证原材料、生产条件和产品质量的责任应明确，并与小组的级别相适应。系统应具有可追溯性，具有检查和测试能力，必须对测量和测试设备进行控制。应该有一个确定的过程来识别和处理不合格的结果，并在后续的纠正措施中采取明确的步骤。由于这些是质量体系的一些基本要素，因此将SHEQ&S方案与质量计划(ISO 2008a)固有的要素相结合是很有意义的。

4.4 制订方案

SHEQ&S方案是通过一个迭代过程制定的，团队承认组织中各个级别的所有小组持续改进活动的精神。整合的体系要与公司文化和现有管理方式保持一致。但是，由于每个公司都是不同的，更重要的是，每个公司的危害和风险都不相同，因此本指南只提供基于绩效的标准。每个公司的方案整合团队都应根据需要制定自己的循序渐进的程序。

此外，还有外部机构及其关键利益相关者提出的小组特定要求，这是方案整合小组必须解决的问题。这些SHEQ&S方案的预期如图4-2所示。

4.4.1 了解关键的利益相关者

利益相关者是可能(或相信他们可能)受到工艺装置操作影响的个人或组织，或参与协助或监督设施运营的个人或组织(CCPS 2010)。每个SHEQ&S小组的关键利益相关者的价值观都应该通过指标选择团队和体系整合团队清晰地沟通。这些价值推动了小组的绩效指标。关键利益相关者的一些示例包括：

- 处理有害物质和能量的工艺装置的员工，希望离开工作场所时身体健康；
- 周围社区的人们希望生活在一个安全、健康的社区；
- 业主希望增加原材料的价值，创造有利可图的高质量产品；
- 监管机构和社区领导期望减少运营风险，保护人员和环境的安全、健康和福利。

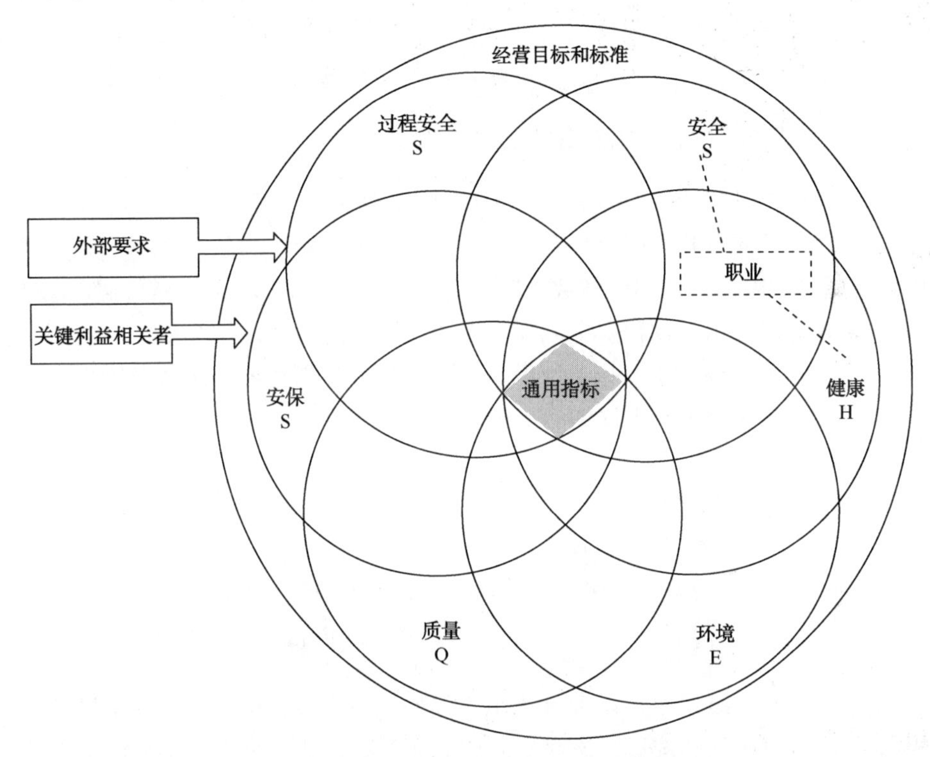

图 4-2 制定 SHEQ&S 方案时需要考虑的要求

4.4.2 满足外部要求

在过程安全指标选择过程中，指标选择团队的成员需要考虑和结合许多外部要求。有关降低过程安全相关风险的法规要求，例如 COMAH，Seveso Ⅱ指令以及美国 OSHA PSM 和 EPA RMP 标准，通常由具有预定义的过程安全相关指标的公司来跟踪。拥有 ISO 相关认证的公司，积极加入责任关怀® 计划或通过各种过程安全相关小组建立网络，可能已经开发了额外的指标。其他外部团体也可能有监管或认证要求。附录 A 中列出了一些外部规定和行业相关的组织，当指标选择团队识别和选择公司的指标时需要考虑外部要求。

4.4.3 转换非正式系统

虽然到目前为止，讨论的重点集中在确定现有管理体系是否适合 SHEQ&S 体系，但是目前使用的一些非正式的管理体系也应该加以考虑。如果没有良好的正式管理体系来解决一些方案要素，可能会存在一个非正式的系统。非正式系统的存在，部分原因是因为它起作用。幸运的是，这些非正式管理系统可以在确定指标的同时进行识别。一旦确定，非正式系统可以被纳入 SHEQ&S 方案中。

4.4.4 优先考虑利益相关者的价值观

有许多指标可以由 SHEQ&S 的其他方面来管理，但也会影响过程安全。例如，未经授权进入设施可能会导致重大的过程安全风险，这是安全小组必须解决的问题。诸如“未授权访问事件数量”或“按时完成巡检的次数”等安全小组指标，有助于有效管理公司的过程安全风险。因此，重要的是过滤每个小组中的所有指标并对其进行优先级排序。基于过程安全风险的利益相关者的评估和优先排序方法，在下文第 4.5 节中有更详细的描述。

4.5 确定重叠指标

你无法改善你没有测量的东西。

——CCPS 2011

影响过程安全绩效的 SHEQ&S 小组之间的重叠指标，可以使用基于风险的过程安全方法加以识别和选择。该程序模仿 CCPS 基于风险的过程安全指南，旨在帮助组织处理危险物质和能源，确定并解决过程安全要素中的差距（CCPS 2007a）。由于在有害物质或能源泄漏时会发生危害人身和环境的风险，因此基于风险的方法有助于我们优先处理所有 SHEQ&S 风险。

由于确定和选择影响 SHEQ&S 体系过程安全绩效合适指标的步骤很多，创建了图 4-3 中的流程图来指导帮助指标选择团队。为了帮助指标团队确定过程安全的主要目的，范围可以从事件“轨迹”的可视化开始，从包含有害物质或能源的设备开始。过程安全的目标是将危险限制在设备和管道内。有三种主要的安全管理体系，所依据的组织结构设计用来管理危害：工艺装置层面、设施层面和公司层面或过程特点，然后是现场层面，再然后是企业层面（OECD 2008）。一旦工艺装置确定了与过程安全相关的情景，则有四组问题在整个 SHEQ&S 小组中筛选与过程安全相关的结果，然后根据每个组的风险结果对指标选择进行优先级排序(CCPS 2007a)。

这些问题可以利用第4.9节介绍的一些管理评估工具，通过组织在每个层面进行映射。管理评估工具可以指导指标团队了解正在测量的指标以及如何进行分析。另外也识别了用于测量指标，跟踪指标和决定如何应对的资源。

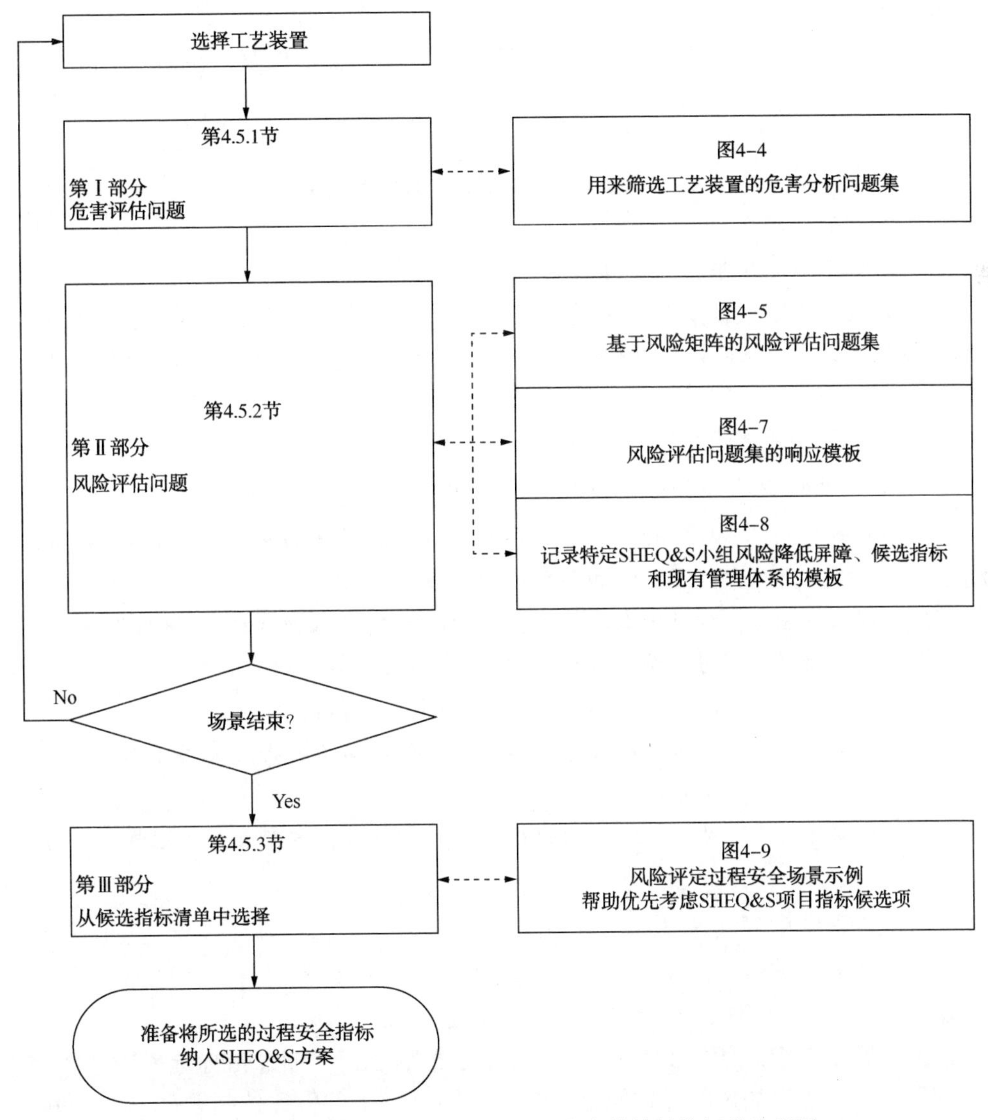

图4-3　用于识别影响各个小组过程安全绩效的指标的流程图

4.5.1 第I部分——危害评估问题集

有四个问题用于确定SHEQ&S方案的候选指标。在本节前两部分描述为“危害评估”问题，帮助指标筛选小组筛选可能影响过程安全绩效指标的特定工艺装置。第一个问题是针对工艺装置的，关注的是运营管理和控制任何有害物质和能源。

危害评估问题1：工艺装置是否含有任何有害物质或能量，包括但不限于以下列出的物质？

材料的危害：

有毒、易燃、易爆、易反应、腐蚀性或不稳定的物质？

工艺设计：

温度或压力极限，大量库存等？

如果没有确定过程安全相关的危害，那么工艺装置就没有度量指标(问题1的答案是“否”)，工艺装置没有任何过程安全相关的危害。可以从整合努力中消除。如果问题1的答案是“是”，则度量指标组进入问题2。

第二个危害评估问题是针对SHEQ&S小组的：

危害评估问题2：过程安全相关危害是否会导致这些后果？

S	过程安全	对现场人员造成伤害，对周围社区的人员造成伤害(即死亡；可逆的和不可逆的伤害)。
S	职业安全	对现场人员造成伤害(即死亡；可逆的和不可逆的伤害)。
H	健康	伤害现场人员(即急性、慢性、刺激)。
E	环境	危害环境(即空气、土地和水、污染)。
Q	质量	对客户和业务造成危害(即产品不符合规格或伤害客户；产品管理)。
S	安保	对现场外及周围社区的人员造成伤害，或在其他地方使用材料。

如果问题2中任何SHEQ&S小组的答案是“否”，那么就不会产生影响该特定小组过程安全绩效的结果。结论：风险等级A(CCPS 2007a)。在这种情况下，特定的SHEQ&S小组没有属于整合工作一部分的度量指标。

如果问题2中的任何SHEQ&S小组的答案为“是”，那么指标选择团队将进入问题集3和4中的风险评估问题。图4-4中给出了危害评估问题(问题1和问题2)以及指标选择团队的回答。

危害识别——工艺装置是整合工作的一部分吗？

危害评估——问题1：
依据：工艺装置特定的危险物质或能源。
工艺装置含有危险物质或能源，包括但不限于下文中所列的？

S	过程安全
物质危害： 有毒、易燃、易爆(蒸气、粉尘、能量)，反应性、腐蚀性或不稳定物质？	
工艺和设备设计危害：极端温度或压力，大量有害物质库存等？	

如果问题1的答案为“否”。

结论：该工艺装置没有过程安全相关的危害。

如果问题1的答案为“是”。

则进入问题2

情景发展——哪个SHEQ&S小组是整合工作的一部分？

危害评估——问题2：
过程安全相关的危害是否会导致这些后果？
(没有任何屏障时的“最坏情况影响)

小组		过程安全相关的危害
S	过程安全	对现场和非现场人员造成伤害(即死亡，不可逆和可逆的伤害)
H	职业安全	对现场和设施的人员造成伤害(即死亡，不可逆和可逆的伤害)
	健康	对现场和设施人员造成伤害(即急性，慢性，刺激)
E	环境	危害环境(即空气、土地和水；污染)
Q	质量	对客户和业务有害(即产品不符合规格等)
S	安保	对场外人员、周围社区的人员造成伤害(即恐怖活动)

危害评估筛选问题的结果

层面（CCPS 2007）

如果问题2的任何SHEQ&S小组的答案为“是”

则进入问题3

A

如果问题2中任何SHEQ&S小组的答案是“否”，那么不影响该特定小组的过程安全绩效。

结论：SHEQ&S小组在这种情况下没有指标，这是整合工作的一部分

图4-4 设定用来对工艺装置进行筛选的危害评估问题集

4.5.2 第Ⅱ部分——风险评估问题集

一旦指标选择团队从两个“危害评估”中确定了存在与过程安全相关的危害以及会影响过程安全绩效，团队将通过一系列风险评估问题向每个受影响的小组

提出问题，以帮助区分潜在的高风险过程安全情景(如多人死亡事件)和潜在的低风险事件(如造成临时健康影响的事件)。指标选择团队的前三个风险评估问题集中在风险矩阵上且被组合为如下所示问题集 3 中：

风险评估问题集 3：

问题 3.1：（“假设所有屏障出现故障；“最糟糕的情况”）

“会出什么错”

问题 3.2：（结果的严重程度；及其后果）

“可能会糟糕到什么程度?”

问题 3.3：（事件的可能性；其频率）

“可能发生的频率?”

问题 3.1、3.2 和 3.3 的答案应该以与工艺单元有关的危害为基础，然后与公司的可容忍风险矩阵进行比较，如图 2-3 所示。为了在此确定候选指标的目的，指标选择团队应该简化公司的风险矩阵(有时是 3×3，4×4，5×5 或 6×6 矩阵)，并将重点放在 2×2 矩阵中所示的极值上，仅使用高(H)或低(L)选项的 RBPS 方法。所产生的频率乘以结果风险等级是 HH、HL、LH 或 LL，如图 4-5 中 2×2 风险矩阵和问题所示。

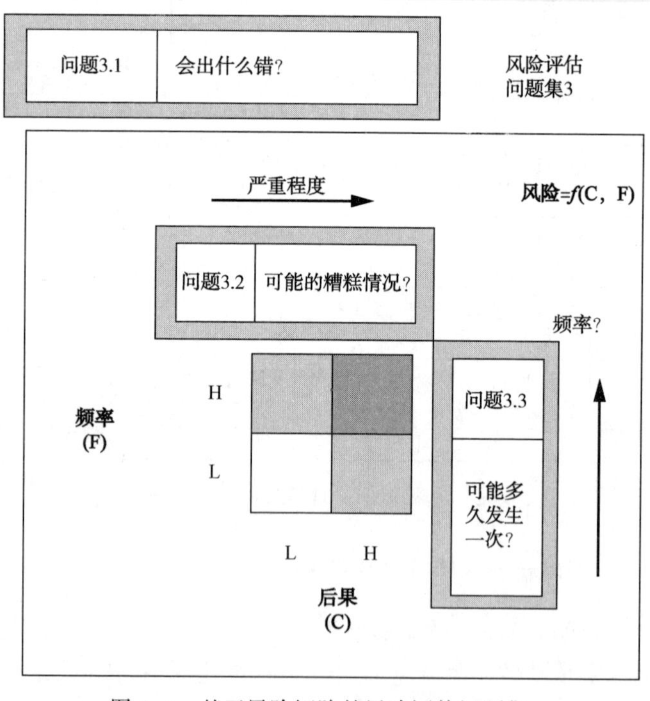

图 4-5　基于风险矩阵的风险评估问题集

当指标选择团队回答基于风险的问题3.1、3.2和3.3时，使用REPS方法定义的风险等级来帮助优先选择可能的候选指标方案。作为参考，这些RBPS风险等级如图4-6所示，范围从“E级”(高后果，高频率，高风险事件)到“B级”(低后果，低频率，低风险事件)(CCPS 2007a，第23章，图23.1)。请注意，图4-6中相同CCPS问题的“等级”风险等级是上述“危害评估问题2”进一步评估时所消除的响应。图4-7给出了指标选择团队针对问题集3的方法。

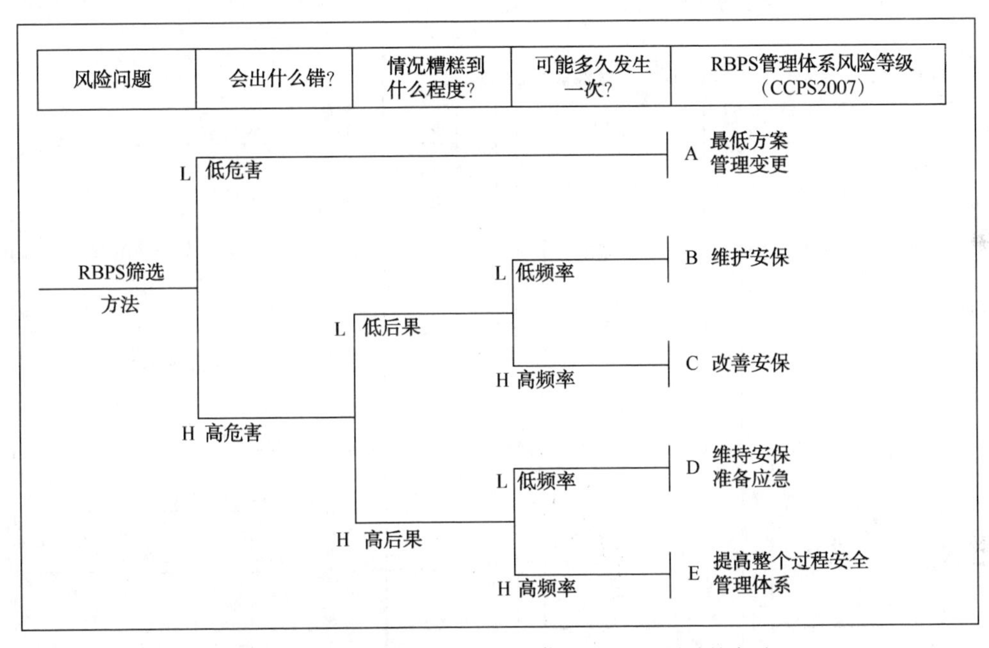

图4-6 CCPS基于风险的方法(参考图4-7所示的方法)

从这个基于风险的指标候选评估中，为每个SHEQ&S小组选择潜在候选项的结果如下：

风险等级E “选择与屏障相关的指标” (指标候选项的第一选择)

风险等级D “如果E中没有选项，则考虑屏障相关的指标” (第二选择)

风险等级C “如果D或E中没有选项，则考虑屏障相关的指标” (第三选择)

风险等级B “如果C，D或E中没有选项，则考虑屏障相关的指标” (最后一个选择)

风险等级 A 由于在风险问题 2 中确定了该风险等级(参见图 4-4)，因此工艺装置没有识别的过程安全风险。

图 4-7 页显示了指标选择团队的下一个风险评估问题(问题 4)：

风险评估问题 4："目前存在哪些屏障，是否需要升级，或是否需要落实到位以降低过程安全风险？"

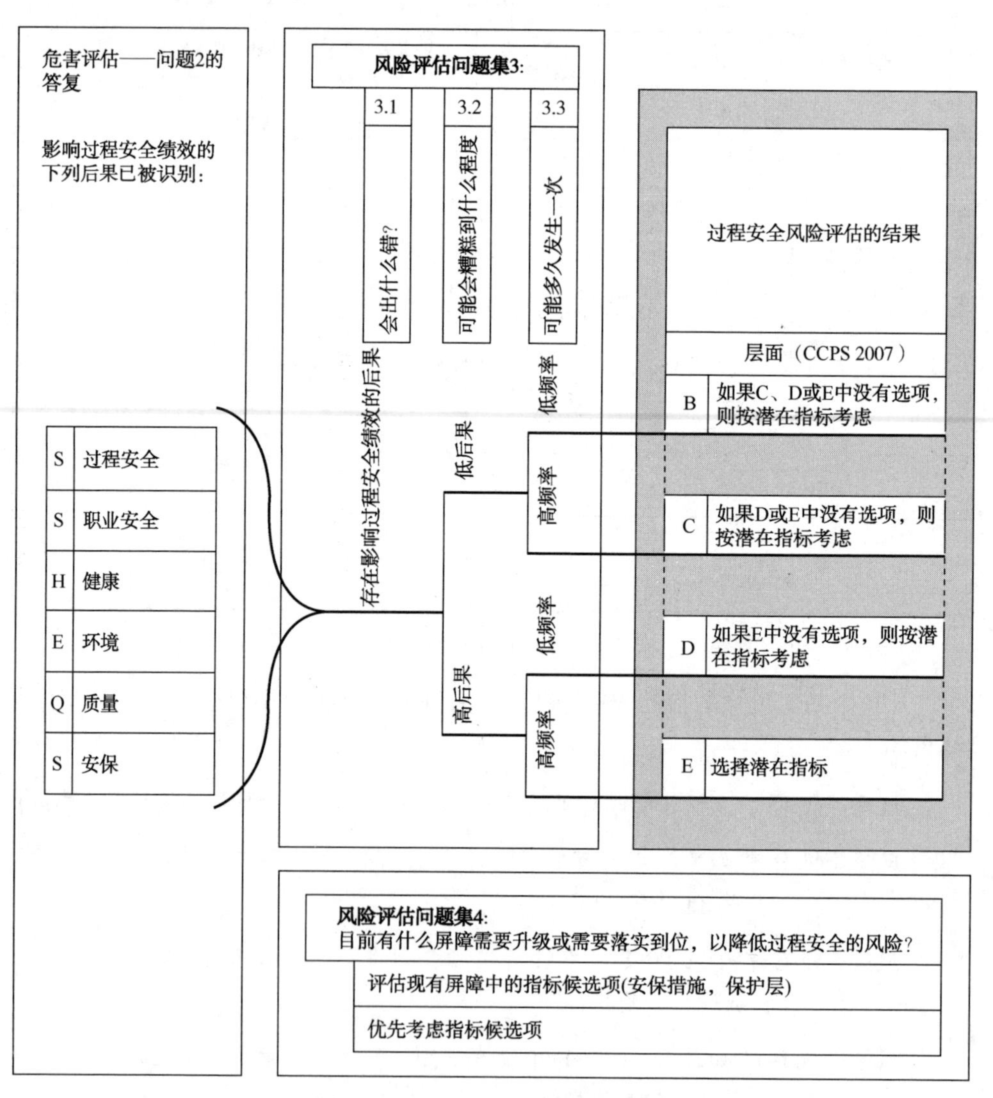

图 4-7 风险评估问题集响应模板

在这一点上，过程安全小组的工作可以用来识别这些屏障，这些屏障被定义为已经实施的“保护层”，以降低过程安全风险。使用第3章中介绍的可视领结工具(图3-1)，指标选择团队可以比较和讨论每个组的潜在指标。每个SHEQ&S小组成员都可以根据回顾遏制损失情况，使用图4-8中的图表记录各自小组的后果；受影响小组的成员也可以记录他们考虑的屏障。屏障和控制措施要落实到

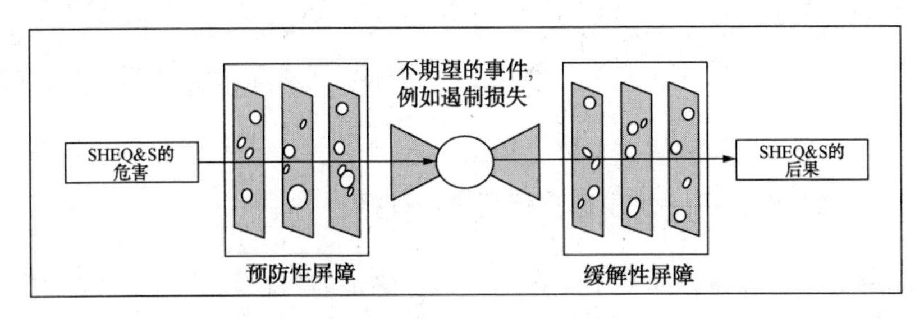

过程安全屏障及过程安全指标的候选

小组		目前正在监控和跟踪的指标；目前到位的预防性屏障	目前正在监控和跟踪的指标；目前到位的缓解屏障
S	过程安全		
S	职业安全		
H	健康		
E	环境		
Q	质量		
S	安保		

指标跟踪和监控系统(正式和非正式)

小组		预防性屏障的系统	缓解屏障的系统
S	过程安全		
S	职业安全		
H	健康		
E	环境		
Q	质量		
S	安保		

图4-8 记录具体SHEQ&S小组风险降低屏障、候选指标和现有管理体系的模板

位，确保不存在差距(瑞士奶酪模型中的“漏洞”)；如果存在差距，则可以采取行动弥补差距。这些预防和缓解屏障旨在降低事件的风险。通过在一个整合的系统中跟踪和监控，组织在管理过程安全风险方面变得更加有效，并且可以在过程安全绩效方面显示出较大的改进。

图4-8还包括行和列，用于记录当前跟踪和管理这些指标的正式和非正式的SHEQ&S系统。正如前面所讨论的，已经为比较、确定优先级和选择SHEQ&S计划的关键指标奠定了基础，因为已经确定了指标与其跟踪系统之间的相似性和差异性。

4.5.3 第Ⅲ部分——从候选指标列表中选择

根据第4.5.2节描述的基于风险的分析，确定的指标及其相关屏障成为确定SHEQ&S方案潜在领先和落后指标的基础。

本指南讨论的结果是：

- 认识到影响过程安全绩效的潜在重叠指标(图1-2)——第1章；
- 确保各个小组领导层的支持，以整合SHEQ&S管理体系——第2章；
- 明确处理每个小组的风险(图3-1)——第3章；
- 确定影响过程安全绩效的候选指标(图4-8)——第4章；
- 识别可以整合的跟踪系统(图4-8)——第4章。

根据使用图4-7和图4-8中列出的问题及所产生的结果，每个场景都会有一系列的潜在指标。图4-9显示了使用不同潜在事件的一个示例，整合团队可以根据这个示例对每个事件进行优先排序。

由于这些过程安全指标候选项经过了风险排序，并且基本上在每个SHEQ&S小组都是“优先考虑的”，因此选择它们应该比较容易。用于选择影响过程安全绩效的指标的优先级方法，在一定程度上使用了公司的可容忍风险矩阵来识别。由于指标选择团队从审查开始就使用基于风险的方法来确定候选项，所以关键指标的讨论应集中在首先从风险等级“E”的候选项中选择，然后从“D”到“B”选择(认识到这些等级在每个SHEQ&S小组中的重要性可能不同)。在4.5.4节(见图4-3所示的章节框架)中，用博帕尔事件的案例，说明了如何使用图4-4~图4-9(从第4.5.1节~第4.5.3节)来选择潜在指标。下面将介绍基于这些指标实施SHEQ&S方案的过程。

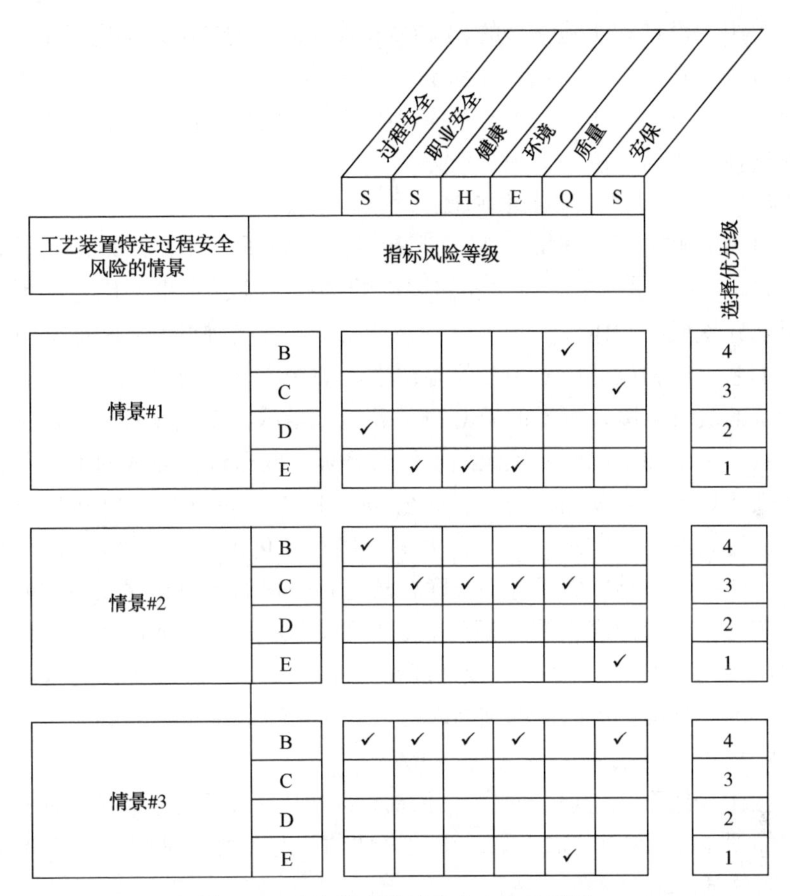

图 4-9　风险排序的过程安全情景示例，
有助于优先考虑 SHEQ&S 方案指标的候选

4.5.4　如何识别重叠指标的示例

本节阐述了指标选择团队如何来使用第 4.5.1 节～第 4.5.3 节介绍的方法，利用 1984 年在博帕尔发生的事件作为案例。这个分水岭似的过程安全事件改变了过程安全的管理方式，包括努力将过程安全原理纳入化学工程课程，形成全行业的过程安全风险降低工作，形成 CCPS(1985)以及 1992 年 8 年后颁布的美国 OSHA 过程安全管理(PSM)标准。事件发生数十年后，博帕尔附近地区的水质仍然受到污染，幸存者和当地居民继续受到不利的健康和环境影响(Willey 2007)。

该练习的目的是使用基于过程安全风险的方法确定影响不同 SHEQ&S 小组过程安全绩效的指标。一旦确定并选择了基于风险的指标，下面的章节可以作为如何在一个组织中设计和实施整合的 SHEQ&S 管理体系的参考。确定每个情景的附加指标的过程是迭代的，对于每个情景，重复第 4.5.4.1 节~第 4.5.4.4 节中提到的步骤。根据下面第 4.5.4.4 节中描述的基于相同风险的方法，从候选指标列表中优先选择将成为团队的下一个任务。

4.5.4.1 博帕尔事件的简要描述

1984 年在博帕尔发生的毒性物质泄漏造成了数千人死亡，数万人受到伤害(Kletz 2009)。初始事件是水与中间储罐内的物质反应，产生了比空气更重的有毒气体甲基异氰酸酯(MIQ)。泄压设备被激活(来自储罐的“遏制损失”)，但是碱洗塔、工艺火炬和设计用来中和与容纳逃逸的 MIC 的喷水系统出现故障，MIC 通过了所有的缓解屏障。有毒的 MIC 气体飘过围墙线，对周围社区造成灾难性的影响，急救人员不知道如何处理泄漏事件及管理危险事件，导致周围社区数千人死亡，事件毁坏了联合碳化物公司；该公司于 1917 年成立，1920 年研发了利用天然气生产乙烯的经济方法，从而诞生了现代石油化工工业。即使有近 80 年的化工经验，博帕尔还是发生了悲剧。联合碳化物公司的历史建立在当时的行业基准之上，该公司利用彻底根深蒂固的“安全第一”文化来管理危险化学品和工艺过程。“这是一个刻骨的承诺，涉及全球每一个员工，并通过严格的内部标准在化工业务中加以鞭策，可以追溯到 20 世纪 30 年代”(Browning 1993)。

4.5.4.2 第Ⅰ部分——危害评估问题

图 4-4 中介绍了危害评估问题，并在该示例中填入了指标选择团队成员作出的答案。如图 4-10 所示，对于第一个危害评估问题，答案是“是”：有可能发生重大的有毒物质释放。

基于这个结果，指标选择团队进入第二个危害评估问题，如图 4-11 所示，每个 SHEQ&S 小组的回答为“是”。现在，指标选择团队已经与所有成员达成一致，认为每个小组都存在与过程安全相关的后果。如果所有降低过程安全风险的预防和减缓屏障出现故障(“瑞士奶酪”效应)，都可能对其特定小组的表现产生潜在的不利影响。通过问题 2 的答复结果，指标选择团队已经准备好进行指标选择过程第Ⅱ部分中的风险评估问题。

4.5.4.3 第Ⅱ部分——风险评估问题

第Ⅰ部分有关危害评估问题的答案指导指标选择团队进行下一步：回答图 4-5 和图 4-7 中给出的风险评估问题，并附上具体的屏障指标和系统记录，如图 4-8 所示。使用图 4-5 所示的一般风险矩阵，指标选择团队继续处理每个问题，根据图 4-12 中每个 SHEQ&S 小组的风险评级，注意对情景发展方面风险评估问题的回答(注意，图 4-12 中的假设仅用于说明目的)。

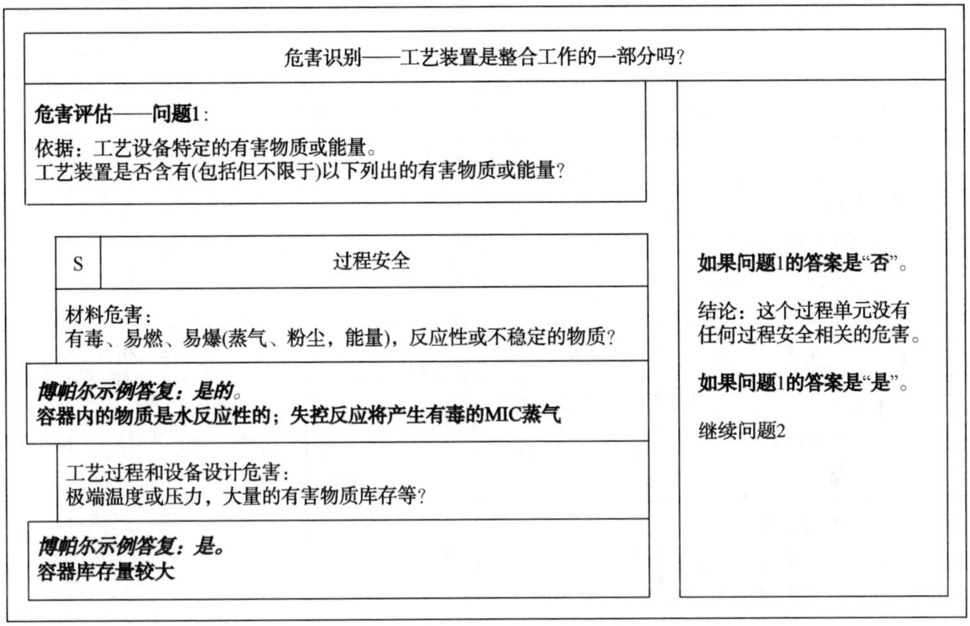

危害识别——工艺装置是整合工作的一部分吗?

危害评估——问题1:

依据:工艺设备特定的有害物质或能量。
工艺装置是否含有(包括但不限于)以下列出的有害物质或能量?

S	过程安全

材料危害:
有毒、易燃、易爆(蒸气、粉尘,能量),反应性或不稳定的物质?

博帕尔示例答复:是的。
容器内的物质是水反应性的;失控反应将产生有毒的MIC蒸气

工艺过程和设备设计危害:
极端温度或压力,大量的有害物质库存等?

博帕尔示例答复:是。
容器库存量较大

如果问题1的答案是"否"。

结论:这个过程单元没有任何过程安全相关的危害。

如果问题1的答案是"是"。

继续问题2

图 4-10　第一个危害评估问题的答复

指标选择团队的下一个问题是风险评估问题 4:"目前存在哪些屏障,是否需要升级,或者需要落实到位以降低过程安全风险?",图 4-13 所示的模板中列出了答案。过程安全组的风险降低工作也可用于填充图 4-13 中的模板,并使用确定屏障和保护层的危害和风险分析(CCPS 2001,CCPS 2009a)。识别这些预防和缓解屏障有助于降低过程安全风险。通过确定指标,指标选择团队讨论并填充图 4-14 中的模板,并使用现有的 SHEQ&S 管理体系跟踪已确定的指标。图 4-13 和图 4-14 中的每个 SHEQ&S 小组所记录的答案为 SHEQ&S 项目关键指标的比较、排序和选择设定了相应的阶段,下一节将讨论这些内容。

4.5.4.4 第Ⅲ部分——从指标候选列表中选择

为 SHEQ&S 方案选择的指标可以从图 4-13 中创建的指标列表中选择。由于设计用于管理高危险物质的过程安全系统很复杂,工艺装置的指标列表可能很长。但是,切记这份长长的清单将成为设施和企业层面(HSE 2006、OECD 2008、CCPS 2010 和 CCPS 2011)监控变为较短的汇总清单的基础。换句话说,对于组织中的更高级别,跟踪和监控所需的指标列表将会缩短,从而在 SHEQ&S 方案内提供了更有效的过程安全监控。这一点尤其正确,因为被监控的指标必须是受监控小组决策所影响的指标。

情况发展——哪个SHEQ&S小组是整合工作的一部分?

危害评估——问题2:

过程安全相关的危害是否会导致这些后果?
(没有任何屏障时的"最坏情况"的影响)

小组		过程安全相关危害
S	过程安全	对现场和非现场人员造成伤害(即死亡;既是不可逆转的又是可逆的伤害)
博帕尔示例答复:是		
S	职业安全	对现场人员造成伤害(暴露可能是致命的)
博帕尔示例答复:是		
H	健康	对现场人员造成伤害(暴露可能是致命的)
博帕尔示例答复:是		
E	环境	环境危害(土地和水污染)
博帕尔示例答复:是		
Q	质量	损害客户和业务(破坏业务)
博帕尔示例答复:是		
S	安保	对场外人员的伤害(暴露是致命的)
博帕尔示例答复:全部为是		

风险评估筛选问题的结果

	层面(CCPS 2007)	
如果问题2的任何SHEQ&S小组的答案是"是"。 然后进入问题3	**A**	**如果问题2中任何SHEQ&S小组的答案都是"否",那么就不会有影响该特定项目过程安全性能的后果。** 结论:SHEQ&S小组在这种情况下没有一个衡量指标,这是整合工作的一部分

图4-11 第二个危害评估问题的答复

博帕尔示例答复

风险评估——问题集3：

3.1	哪里出错了？ (假设所有屏障出现故障；“最坏的情况”) (风险评估的答复——问题2) 示例： 使用图4-5中的一般风险矩阵，后果(C)和频率(F)具有低值和选项
3.2	可能糟糕的情况如何？ (结果的严重程度；后果C)
3.3	多久发生一次？(事件的可能性；其频率F)

风险评估问题集3**的结果**：

(图4-7的答案)
由于风险矩阵上没有“M”选项，因此选择“H”，没有后果或可能性。

B	低C，低F	如果C、D或E中没有选项，则视为潜在的指标
C	低C，高F	如果D或E中没有选项，则视为潜在的指标
D	高C，低F	如果E中没有选项，则视为潜在的指标
E	高C，低F	选择——优先级基于风险的指标

	过程安全	职业安全	健康	环境	质量	安保
	S	S	H	E	Q	S
后果或频率(按风险矩阵)	死亡(注释1)	死亡	死亡	地下水	无(注释2)	场外死亡(注释3)
C	H	H	H	H	L	L
F	L	H	H	H	L	H
风险等级(根据RBPS指南)						
B					✓	
C						✓
D	✓					
E		✓	✓	✓		

注释

1	在博帕尔事件发生时，问题3.3的“正确”答案将是“L”频率，因为没有发生这样的灾难性事件。示例提供了上面提到的“H”结果和“H”频率结果
2	在博帕尔事件发生时，问题3.2质量小组的答案应该是“L”后果，因为这不是质量问题。就本例而言，风险评估是低C，低F(没有历史问题)
3	在博帕尔事故发生时，安全问题3.2的答案可能是“低”，因为MIC产生和场外的后果未被确定为过程危害分析的常规部分。就本例而言，安全频率选择为“H”

图 4-12 风险评估问题集的答复

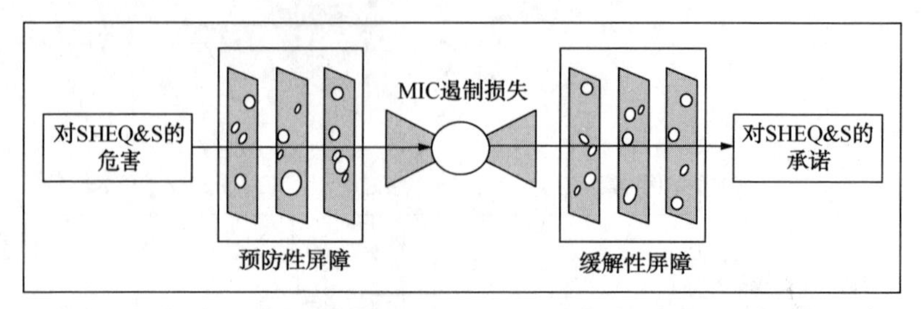

博帕尔示例：影响过程安全绩效的过程安全屏障和情景指标候选

<table>
<tr><td colspan="2">受影响的小组，
基于筛选问题的结果</td><td>“示例”预防性屏障到位，
指标正受到监控和跟踪</td><td>“示例”缓解性屏障到位，
指标正受到监控和跟踪</td></tr>
<tr><td rowspan="3">S</td><td rowspan="3">过程安全</td><td>过程设计(冗余和制冷容器；仪表和报警)
指标：</td><td>设备设计(泄压、仪表和报警)
指标：</td></tr>
<tr><td>维修程序指标：</td><td>应急设备设计(仪表和报警；碱洗塔；工艺火炬；喷水)
指标：</td></tr>
<tr><td>操作程序和培训
指标：</td><td>社区报警
指标：</td></tr>
<tr><td>S</td><td>职业安全</td><td>程序和培训
指标：</td><td>紧急响应
指标：</td></tr>
<tr><td>H</td><td>健康</td><td>程序和培训
指标：</td><td>指标：</td></tr>
<tr><td rowspan="3">E</td><td rowspan="3">环境</td><td>工艺设计(冗余和制冷容器；仪表和报警)
指标：</td><td>应急设备设计(仪表和报警；碱洗塔；工艺火炬；喷水)
指标：</td></tr>
<tr><td>维修程序
指标：</td><td>指标：</td></tr>
<tr><td>操作程序和培训
指标：</td><td>指标：</td></tr>
<tr><td>Q</td><td>质量</td><td>指标：</td><td>指标：</td></tr>
<tr><td>S</td><td>安保</td><td>设施选址研究
指标：</td><td>指标：</td></tr>
</table>

图 4-13　风险评估问题集的答复模板

如图 4-15 所示，过程安全指标优先级选择标准基于指标的风险等级，其中最重要的指标对应于高风险场景。为了该练习的目的，将从职业安全与健康与环境小组(风险等级 E)、过程安全小组(风险等级 D)、安全小组(风险等级 Q)以及质量小组(风险等级 B)确定的指标开始优先化的“订单”。当确定的指标过多时，这是一把双刃剑：“可以从中选择哪些：有很多(好的)，但是选择哪种(需要优先考虑)?”当选择太多时，可能会有一些容易达到的“可轻松实现的目标”，可以迅速显示较大的过程安全性能改善。有关这种方法的讨论，请参考第 5 章 5.3 节，试行 SHEQ&S 方案。

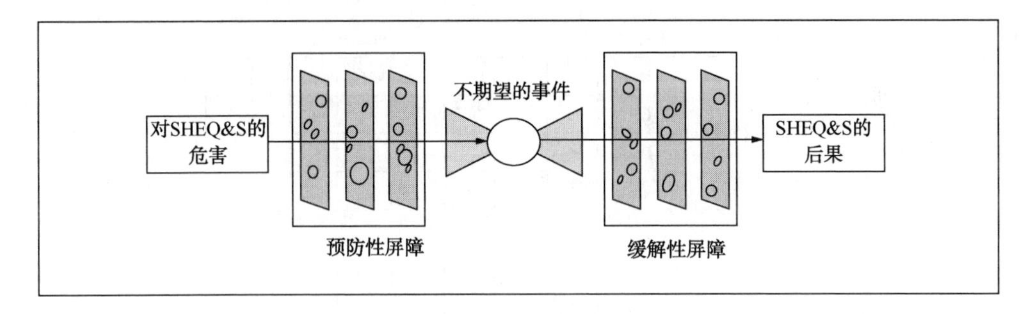

指标跟踪和监控系统(正式和非正式)			
具有正式和/或非正式指标跟踪系统的小组		预防性屏障跟踪系统	缓解性屏障跟踪系统
S	过程安全		
S	职业安全		
H	健康		
E	环境		
Q	质量		
S	安保		

图 4-14　记录现有 SHEQ&S 管理体系的答案模板

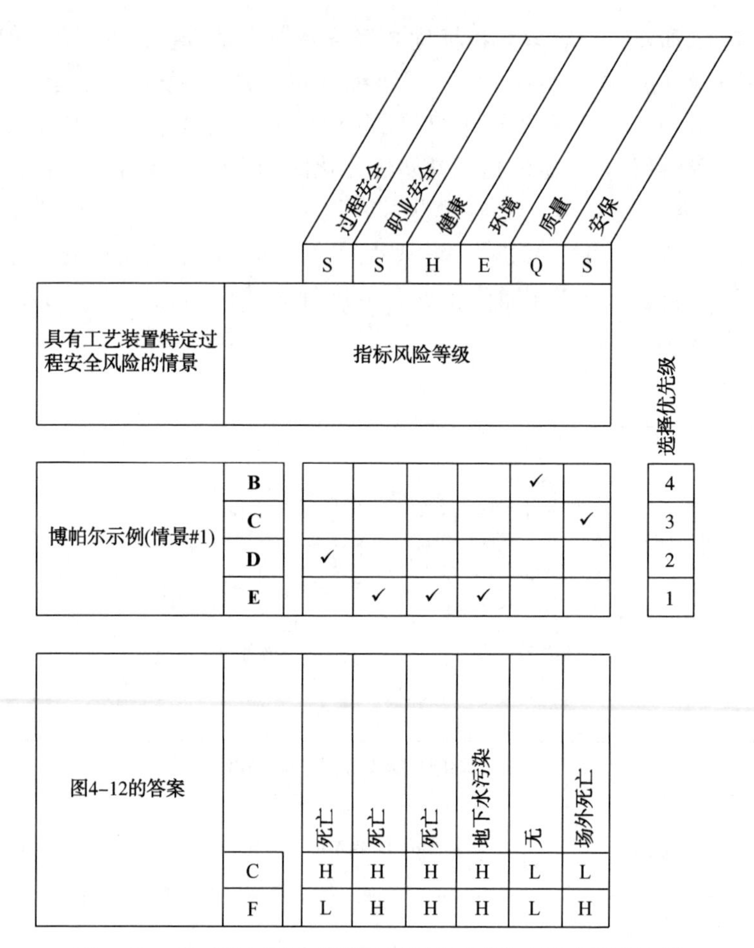

图 4-15　基于指标风险等级的过程安全指标优先级选择标准

为了使用从博帕尔事件中选择的指标来说明指标优先级过程，利用图 4-9 产生了图 4-16。基于这些定性风险等级的度量结果，在使用风险等级 D 和 E 的情况下，监控储罐中防止或减少 MIC 产生的保护层的指标对过程安全、职业安全与健康以及环境小组的影响最多。考虑到博帕尔的泄漏对人类和环境影响的程度，许多事实已经指向了故障的类型，事后看来，显然是选择了与屏障相关的过程安全指标。但在 1984 年以前，我们还不了解具体的过程安全要素以及过程安全综合管理体系(Vaughen，2012)。

从图 4-16 的示例可以看出，有害物质的遏制损失对 SHEQ&S 小组的其他性能指标产生了不利的影响。有毒物质释放造成人员伤亡(过程安全和健康)和地下水污染(环境)。由于储罐中 MIC 的数量(安全)，利用今天的漏洞评估，设施选址研究可以将设施位置确定为高风险。发布的安全和环境后果最终使公司遭受重创，如果无法以可接受的(安全)产品满足客户的需求并随后失去市场(质量)，将会发生同样的结果。使用通用的基于风险的度量指标将导致整个组织内更有效的指标监控、跟踪和响应，从而提高过程安全绩效和公司的生存寿命。

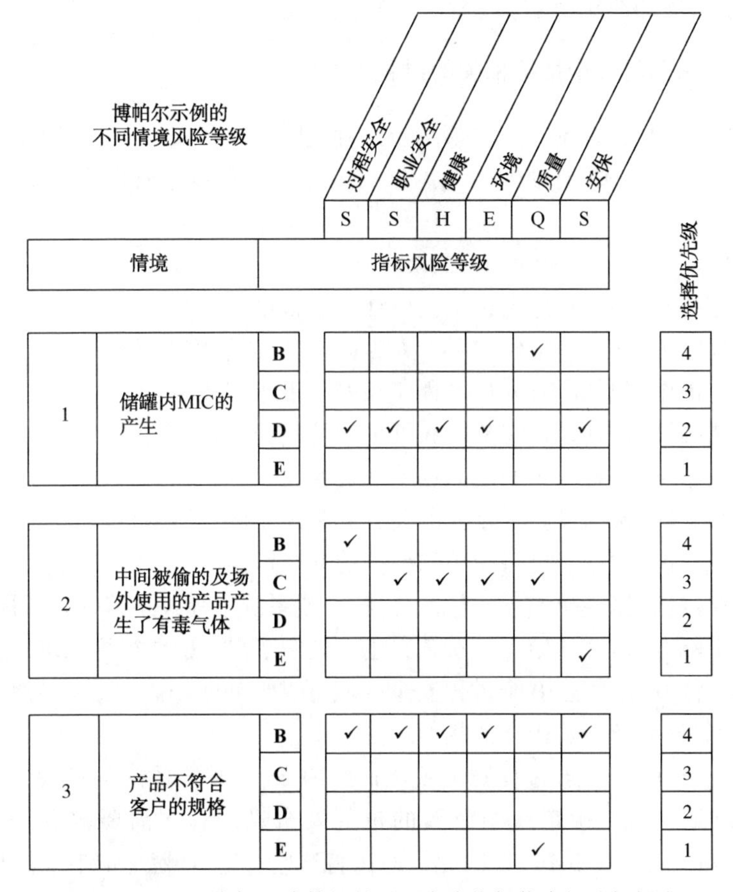

图 4-16　基于指标风险等级的过程安全指标优先级选择标准

4.6　优先考虑程序安装

尽管对于决定安装程序的顺序没有硬性规定，但是如果不先制定明确的综合管理体系方案，那么减少 SHEQ&S 小组工作负担的可能性就会受到限制。如果方案落实不到位，那么项目整合团队确定的新的更有效的跟踪和监测程序很可能被忽略。该组织将像以前一样继续运行，从而延迟过程安全绩效的任何潜在改进。

对此，重要的是要认识到SHEQ&S程序“安装”不必是一个新的系统。回顾一下，当指标选择团队提出了第4.5节中基于风险的问题的答案时，它确定并记录了当前监测SHEQ&S指标的程序。如果在本次审查中发现方案缺口，就需要在组织的各个层面获得SHEQ&S方案设计和开发的支持，以便在安装SHEQ&S程序方案之前解决和纠正缺陷。

4.6.1 识别与每个指标相关的过程安全区域

确定和选择整合系统指标的第一步是确定哪个过程安全区适用于已经确定的指标。总的来说，一个有效的、一体化的过程安全和风险管理方案的10个基本方面如下：

① 整体过程安全管理(PSM)框架；

② 工艺技术(即材料危害，工艺设计，设备设计)；

③ 过程危害分析(包括保护层、人为因素和/或设施选址分析)；

④ 工艺操作(包括所有人员的程序和安全工作实践)；

⑤ 工艺维护(包括设备完整性和维护的特定程序)；

⑥ 应急响应(包括设施的内部和外部资源)；

⑦ 事件调查(包括设施恢复，以及分享和沟通调查结果)；

⑧ 变更管理(包括变更时操作和维护的安全切换)；

⑨ 监控过程安全系统绩效(包括合规和/或系统审计，跟踪领先指标等)；

⑩ 组织能力(包括领导力、安全文化、操作纪律、操作行为和培训)。

如图4-17所示，这10个过程安全区域可以与其他SHEQ&S小组整合，因为它们与其他管理系统有着内在的相似之处。

CCPS已将10个一般过程安全领域扩展为20个基于风险的过程安全要素或“支柱”，以帮助帮助确定一个有效的过程安全管理程序需要解决的特定领域(CCPS 2007a，Sepeda 2010)。因此，通过将这些特定区域添加到图4-17所示的一般区域，我们可以得到图4-18。图4-18中也有一点值得注意，即任何成功的过程安全管理计划的基础都是建立在强有力的领导下、强大的过程安全文化、有效的操作纪律、有效的操作行为以及对每个过程安全区域不同管理体系的整合工作。这些基础在组织实施成功的过程安全和风险管理方案的能力方面已经得到确定(CCPS 2007a，Klein 2015)。

为了帮助指标选择团队确定哪个过程安全区域被用来监测候选指标，图4-19可以用来总结预防性和缓解性过程安全区域，图4-20可以用作特定参考支柱使用CCPS RBPS元素。

	过程安全区域	过程安全 S	职业安全 S	健康 H	环境 E	质量 Q	安保 S
1	整个过程安全管理(PSM)	✓					
2	工艺技术 (即材料危害、工艺设计、设备设计)	✓	✓	✓	✓	✓	
3	过程危害分析 (包括保护层、人为因素和/或设施选址分析)	✓			✓		✓
4	工艺操作 (包括所有人员的程序和安全工作实践)	✓	✓	✓	✓	✓	
5	工艺维护 (包括设备完整性和维护的特定程序)	✓	✓	✓	✓	✓	
6	应急响应 (包括设施特定的以及周边社区的资源)	✓	✓	✓	✓		✓
7	事件调查 （包括获取证据、设施恢复工作和分享/交流结果）	✓	✓	✓	✓	✓	✓
8	变更管理 （包括作出变更时安全切换到操作/维护）	✓	✓	✓	✓	✓	✓
9	监控过程安全系统绩效 （包括，合规/或系统审计，跟踪领先指标等）	✓	✓	✓	✓	✓	✓
10	组织能力 （包括领导力、安全文化、操作纪律、操作行为和培训）	✓	✓	✓	✓	✓	✓

图 4-17　每个 SHEQ&S 小组映射的常见过程安全区域

4.6.2　SHEQ&S 方案实施的一些步骤

根据质量管理体系中的要素，可以使用以下顺序来确定实施 SHEQ&S 方案的步骤(ISO 2008a)：

① 在企业、设施和工艺装置层面建立明确的管理和运营责任。

② 与采购协调在危险工艺中处理的原材料的控制和验证。

③ 建立(通过操作)危险过程的生产条件。

④ 建立(通过操作和维护)危险设备和管道的可追溯性、检查和测试能力。

⑤ 确定在危险设备上识别和处理不合格结果的过程，如果需要，对后续纠正措施采取明确的文件化步骤。

前四个步骤为第 2 章的讨论提供了框架，组织各个层面的支持对于 SHEQ&S 方案的有效实施是至关重要的。第五步在第 6 章中做了定义，其中“检查”阶段描述了 SHEQ&S 性能如何被监控。第 7 章“行动”阶段描述了如何实施基于缺陷的后续变化。

序号	过程安全区域	CCPS基于风险的过程安全章节编号 (2007)	过程安全	职业安全	健康	环境	质量	安保
1	整个过程安全管理（PSM）		S	S	H	E	Q	S
2	工艺技术 (即材料危害、工艺设计、设备设计)	8 工艺知识管理	✓	✓	✓	✓	✓	
3	过程危害分析 (包括保护层、认为因素和/或设施选址分析)	9 危害识别与风险分析	✓			✓		✓
4	工艺操作 (包括所有人员的程序和安全工作实践)	10 操作程序 11 安全工作实践	✓	✓	✓	✓	✓	
5	工艺维护 (包括设备完整性和维护特定程序)	12 资产完整性和可靠性	✓	✓	✓	✓	✓	
6	应急响应 (包括设施特定的及周边社区的资源)	18 应急管理	✓	✓	✓	✓		✓
7	事故调查 (包括获取证据、设施恢复以及分享/交流发现的结果)	19 事故调查	✓	✓	✓	✓	✓	✓
8	变更管理 (包括变化时安全地移交到操作/维护)	15 变化管理 16 操作准备 23 实施	✓	✓	✓	✓	✓	✓
9	监控过程安全系统绩效 (包括合规和/或体系审查，跟踪领先指标等)	4 符合标准 20 测量和指标 21 审查 22 管理审查和持续改进	✓	✓	✓	✓	✓	✓
10	组织能力 (包括领导力、安全文化、操作纪律、操作行为和培训)	3 过程安全文化 5 过程安全能力 6 劳动力参与 7 利益相关者的外展 13 承包商管理 14 培训和绩效保证 17 操作行为	✓	✓	✓	✓	✓	✓

图 4-18　参考 CCPS 基于风险的过程安全要素，每个 SHEQ&S 小组映射的常见过程安全区域

<table>
<tr><th colspan="2" rowspan="3">过程安全区域</th><th colspan="2">SHEQ&S方案的过程安全指标候选</th></tr>
<tr><th>预防性风险
降低工作</th><th>缓解性风险
降低工作</th></tr>
<tr><th>指标</th><th>指标</th></tr>
<tr><td>1</td><td>整个过程安全管理(PSM)</td><td></td><td></td></tr>
<tr><td>2</td><td>工艺技术
(即材料危害、工艺设计、设备设计)</td><td></td><td></td></tr>
<tr><td>3</td><td>过程危害分析
(包括保护层、人为因素和/或设施选址分析)</td><td></td><td></td></tr>
<tr><td>4</td><td>工艺操作
(包括所有人员的程序和安全工作实践)</td><td></td><td></td></tr>
<tr><td>5</td><td>工艺维护
(包括设备完整性和维护特定程序)</td><td></td><td></td></tr>
<tr><td>6</td><td>应急响应
(包括设施特定的以及周边社区的资源)</td><td></td><td></td></tr>
<tr><td>7</td><td>事故调查
(包括获取证据、设施恢复工作及分享/交流所发现的结果)</td><td></td><td></td></tr>
<tr><td>8</td><td>变更管理
(包括变化时安全移交给操作/维护)</td><td></td><td></td></tr>
<tr><td>9</td><td>监控过程安全系统绩效
(包括合规性和/或系统审查、跟踪领先指标等)</td><td></td><td></td></tr>
<tr><td>10</td><td>组织能力
(包括领导力、安全文化、操作纪律、操作行为和培训)</td><td></td><td></td></tr>
</table>

图 4-19　识别每个过程安全区域常见指标的矩阵

过程安全区域			SHEQ&S方案的过程安全指标候选	
			预防性风险降低工作	缓解性风险降低工作
	CCPS基于风险的过程安全章节编号(2007)		指标	指标
1	整个过程安全管理(PSM)			
2	工艺技术 (即材料危害、工艺设计、设备设计)			
	8	工艺知识管理		
3	过程危害分析 (包括保护层、人为因素和/或设施选址分析)			
	9	危害识别和风险分析		
4	工艺操作 (包括所有人员的程序和安全工作实践)			
	10 11	操作程序安全工作实践		
5	工艺维护 (包括设备完整性和维护特定程序)			
	12	资产完整性和可靠性		
6	应急响应 (包括设施特定的以及周边社区的资源)			
	18	应急管理		
7	事故调查 (包括获取证据、设施恢复工作以及分享/交流发现的结果)			
	19	事故调查		
8	变更管理 (包括变化时安全移交给操作/维护)			
	15 16 23	变化管理 操作准备 实施		
9	监控过程安全系统绩效 (包括合规性和/或体系审查,跟踪领先指标等)			
	4 20 21 22	符合标准 测量和指标 审查 管理审查和持续改进		
10	组织能力 (包括领导力、安全文化、操作纪律、操作行为和培训)			
	3 5 6 7 13 14 17	过程安全文化 过程安全能力 劳动力参与 利益相关者延展 承包商管理 培训和绩效保证 操作行为		

图 4-20　参考 CCPS 基于风险的过程安全要素(RBPS)识别每个过程安全区域常见指标的矩阵

4.7 建立项目基准文件

本指南中将 SHEQ&S 方案基准线定义为组织中现有指标的当前状态。基准线在系统实施开始时提供了一个明确定义的起点，并且可以从中测量性能改进。因此，对每家公司来说，重要的是要认识到，基于影响过程安全绩效的衡量标准，SHEQ&S 方案的“首次通过”可能会在开始时提供令人不安的结果，特别是因为某些衡量指标可能是未确定的、新的衡量标准，并且在过去没有被跟踪。在这种情况下，组织中的每个人都必须有耐心，认识到所有新的努力需要时间来建立，在观察过程安全绩效取得较大的进展之前，可能需要数周甚至数月的时间。

4.8 持续改进

SHEQ&S 方案的设计考虑到了持续改进的生命周期：第 1 章图 1-3 中所示的计划、执行、检查和行动阶段。SHEQ&S 方案将随着时间的推移而变化，在所有组织层面上实施会更好，因为每个人都运用他们的专业知识和经验来发现缺陷并进行改进。持续改进监控阶段通过设计、使用和响应由指标选择团队确定的特定领先过程安全指标，是主动的。第 6 章详细介绍了确定和处理过程安全系统优势和劣势以及明确区分不同过程安全系统合规性和绩效差距的改进阶段。

希望这条指导原则将有助于公司发展以积极主动的方式，随着时间的推移，通过适当的水平选择，提高其过程安全绩效，其指标的监控和实现开发在本章(选择)和第 6、7 章(分别为监控和实施)中讨论。对这些指标的 SHEQ&S 方案定期审查将验证当前指标，并有可能发现需要解决的其他缺口，然后与整个组织的其他人员共享。目标是防止公司对博帕尔事件等紧急过程安全事件做出响应，该事件造成了巨大的人类灾难，并最终使联合碳化物公司遭受重创。

4.9 一些管理体系评估工具

本节提供了一些可用的管理体系评估工具的附加信息和详细信息，可帮助公司设计和实施有效的 SHEQ&S 方案。前面第 4.4 节已经指出，作出决策的利益相关者必须了解他们的决策如何影响整体运营风险。互动的过程是复杂的。本节描述的系统评估工具有助于确定范围，确定实现可测量的目标所必需的资源优先顺序，确定责任人员及其需要的培训和知识。这些可测量的目标已经通过第 4.5 节描述的基于风险的方法作了优先考虑。映射工具有助于定义衡量成功所必须达到的标准，描述正在做什么，如何完成，何时完成，以及由谁来完成。

一般来说，“流程映射”用于了解管理流程如何流经组织。过程映射的目标，用于将明确定义的输入或输入集合转换为预定义的输出集合的活动流，在图 4-21 中过程映射的总图中做了描述。关键的过程输入和输出被清楚地标识出来。在实施质量管理体系时，建议采用流程图，因为当每个人的活动都被清晰地识别、实施和管理时，工作流程的有效性得到了提高(ISO 2008b)。过程映射通过视觉地图和流程图显示输入、任务、接口和输出，由此传达工作过程和活动。因此，一旦整合的 SHEQ&S 团队完成了流程映射评估，SHEQ&S 团队的要求就不存在不确定性。

评估工具展示了组织决策过程的顺序以及是如何做出决定。详细的图表通常会描述使用矩形框的过程，框之间带有箭头的流程，使用菱形作为决策以及退出该决策的线上的决策选项。由于组织各级决策会直接或间接地影响资源分配的方式以及人员响应的方式，因此这些决策有可能对另一组的业绩产生不利影响。不熟悉过程的人员应该能够使用一个或多个这些评估工具，阅读和理解工作流程过程中发生的交互活动。根据详细程度的不同，这些工具可能会显示现有工作流程中固有的延误和其他低效率问题，并为组织提供改进机会。分析程序图和流程图将有助于简化 SHEQ&S 方案，并确保每个 SHEQ&S 小组清楚地了解他们在帮助管理过程安全方面的角色。

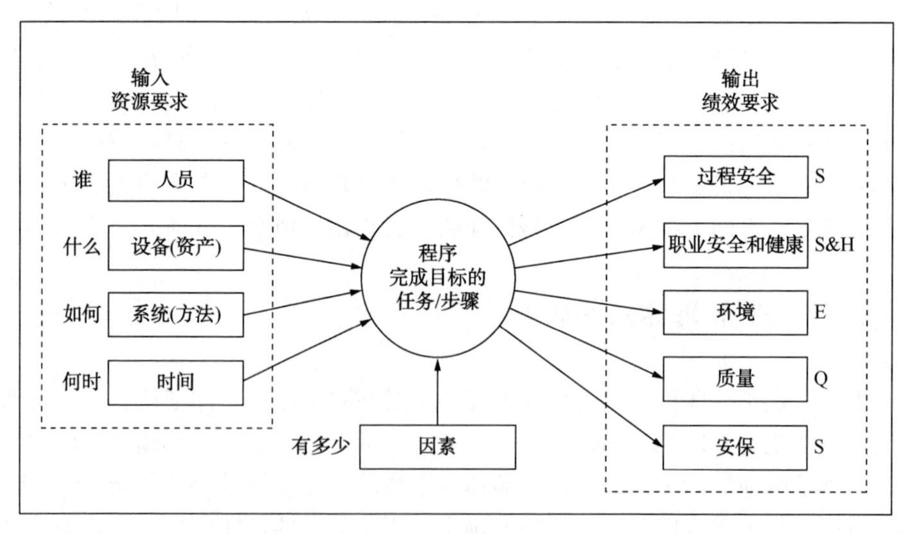

图 4-21　映射流程时的目标

如图 4-21 所示，流程映射结合了工作流程的要素，从人员、材料、设备、方法和时间信息中进行选择以显示任务和结果。定义了人力资源、资产资源和系统资源。从 SHEQ&S 方案整合团队的角度来看，工艺装置层面包含控制过程危害所需的设备(也可以称为“资产”或“机器”)。设施和企业层面的过程安全系统可帮助组织实施一致的程序。映射工具使每个人都可以看到工作，显示谁在做什么，与谁一起，并且取决于细节，何时执行任务以及执行任务多长时间。如果根据组织结构图进行映射，流程映射有助于识别低效率、覆盖率差距和责任缺口。如果根据程序步骤和任务映射，流程映射有助于识别瓶颈、重复、不必要的步骤、延迟来源、返工(修复错误而不是阻止它们)、循环时间和责任模糊性。流程映射使用了三种管理评估工具：

- 过程图或关系图；
- 泳道图或交叉功能图；
- 工艺流程图表。

下文基于影响过程安全绩效的指标，从有效的 SHEQ&S 方案方面，更详细地逐一描述了这些评估工具。如果这些映射工具中的任何一种都以某种形式存在于公司中，则方案整合团队应该首先使用它们作为基础。一旦方案整合团队创建了可视化图表，建议未直接参与开发映射工具的其他人员审查并验证团队的图表。不熟悉所描述的流程的人员应该了解成功的映射图。

4.9.1 流程图或关系图

流程图或关系图根据组织中的部门或团队显示全景图。虽然它们通常是为了说明不同团队如何与组织的供应商(输入)以及客户(输出)互动而创建的，但为了本指南的目的，“输入”将是衡量影响过程安全绩效的指标，而“输出”将是显示每个 SHEQ&S 小组相关绩效改进的指标分析结果。

流程图如图 4-22 所示。如图 4-23 所示，当此流程图叠加到组织结构图表上时，工艺装置指标的信息流开始于工艺装置层面，为每个设施汇总，然后针对企业层面汇总每个设施的指标。通过设计，SHEQ&S 方案流程图应覆盖公司的管理结构。

过程安全和环境小组之间的类似指标的示例如下：

过程安全小组的指标：“遏制损失事件的数量”(重点关注有害物质)。

环境小组的指标：“泄漏的数量”(从轻微泄漏到重大泄漏)。

在这种情况下，通过有效地将度量指标结合到一个过程安全特定指标中，SHEQ&S 方案将重点关注具有过程安全相关后果的危险物质，例如有可能形成爆炸性蒸气云的易燃液体。认识到可能有其他环境许可风险的物质，只能由环境小组来处理。

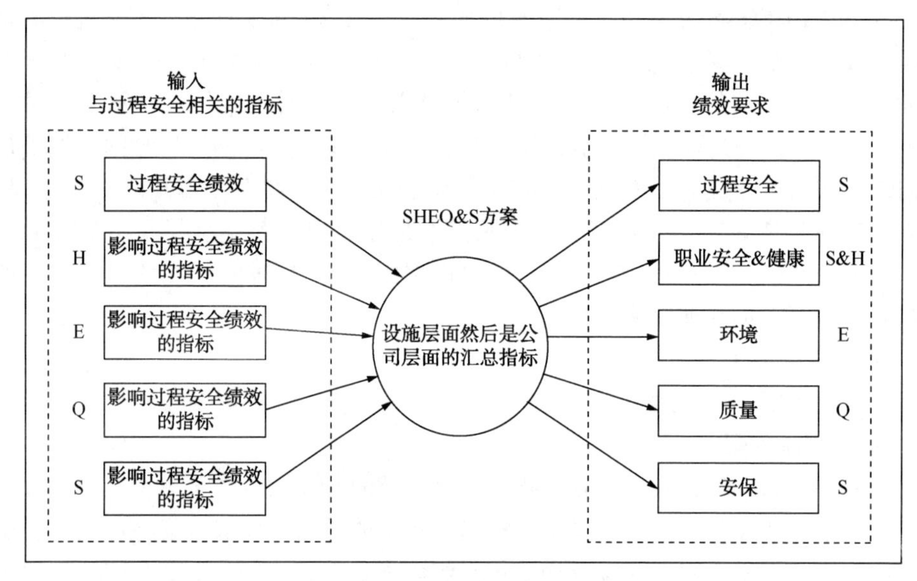

图 4-22　SHEQ&S 方案的指标“流程图”

4.9.2　游泳车道图或交叉功能图

泳道图或交叉功能图显示哪一个小组或部门执行每个步骤的输入和输出。这些图比关系图更详细，但比工艺流程图简单。这个总览级图表的好处(处于不太详细的流程图和更详细的流程图之间)是涵盖了小组负责组织如何确保测量和跟踪指标的责任。例如，在工艺装置层面管理过程危害的人员负责确保设备的正常运行和维护，在设备层面的人员负责确保设备运行和维护的适当资源，而在企业层面的人员负责确保适当的资源来运行设施。图 4-24 给出了跨功能图的示例。

在这些图表中，预期和实际完成之间的不一致比较明显，而不一致在组织结构图上显示为“不匹配”。例如，公司层面的人员没有发展的角色，没有生产管理权限，没有监督设施层面的程序。尽管这些图表显示了重复、非生产性步骤和管理系统覆盖面上的差距，但是这些图表可能需要很长时间才能建立，并且可能难以阅读。为了避免混淆，在讨论 SHEQ&S 体系整合工作时，需要简化复杂的图表，特别是在确保获得不同 SHEQ&S 小组的支持时。在介绍公司实际的、更复杂的报告结构之前，可以将图 4-24 中的图表用作简化图表。

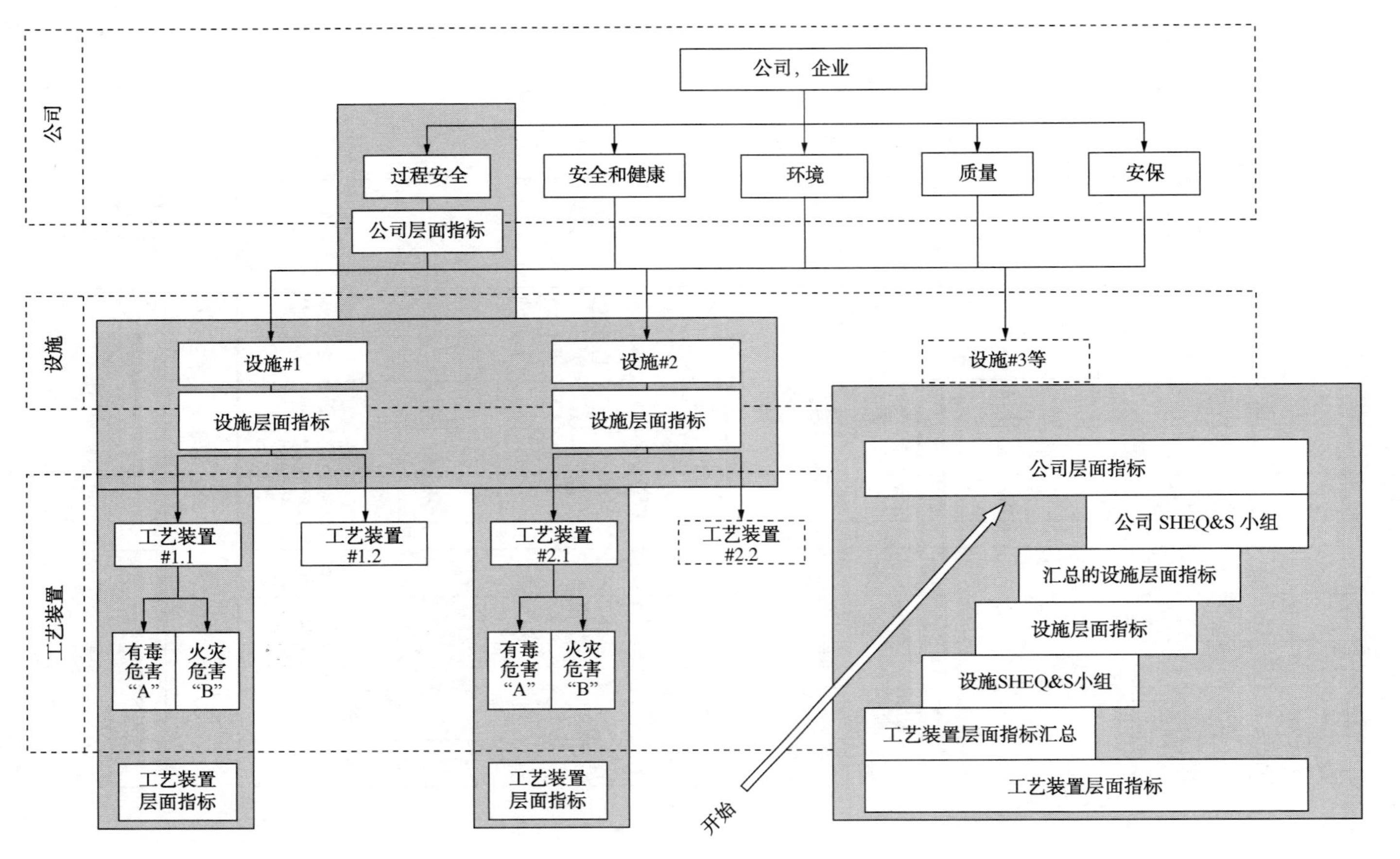

图4-23　组织内指标流程图示例

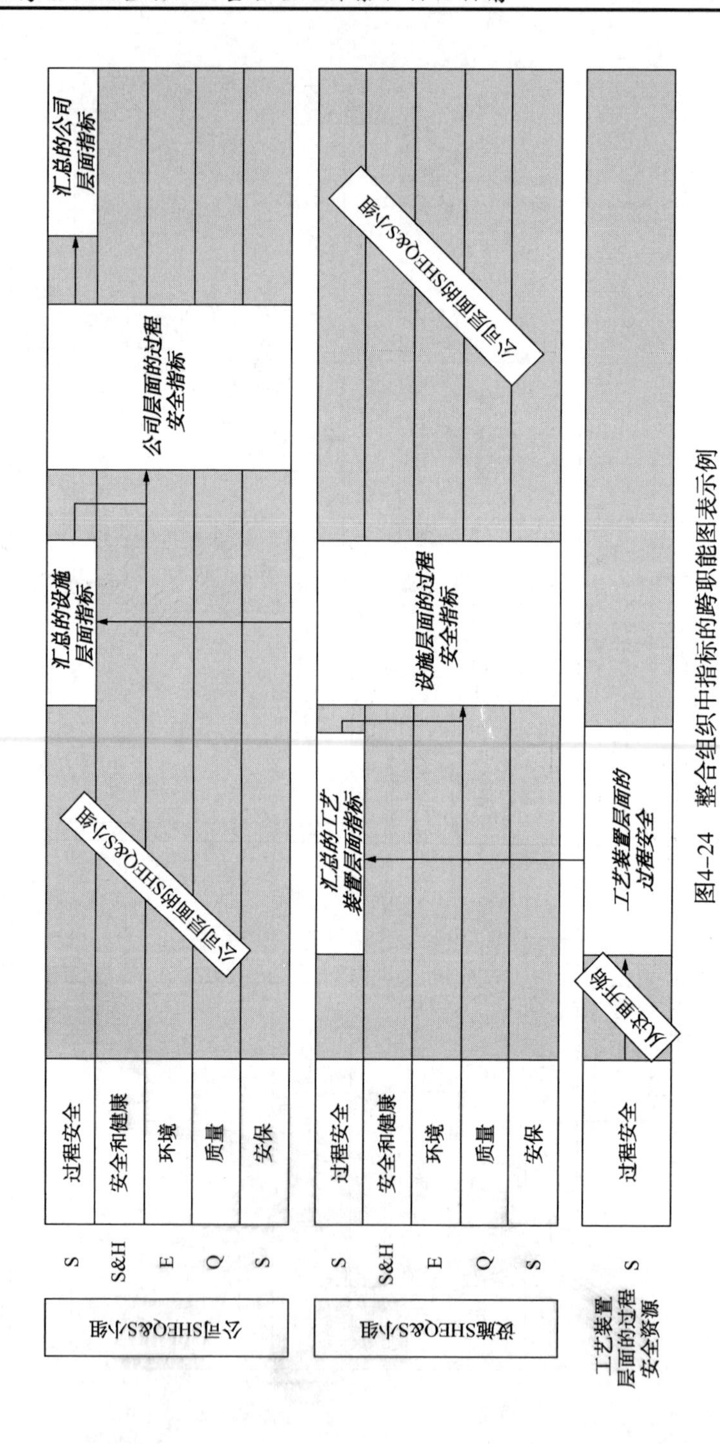

图4-24　整合组织中指标的跨职能图表示例

4.9.3 工艺流程图

工艺流程图表只需从泳道图中单步执行，并展开以显示更多细节。当把重点放在管理过程上时，这个细节层次可以更清晰地了解现有度量监控和报告流程中的步骤。如果流程图指定了任务，则可以帮助识别瓶颈问题、重复步骤、缺失步骤等问题。尽管工艺流程图有助于质量相关的持续改进工作，以缩短周期时间，避免返工，消除检查或质量控制步骤，并防止错误，但必须小心操作，以确保影响过程安全风险管理的步骤不会在发生变更时受到影响。这些工艺流程图侧重于整个组织的物质和信息流动，不同于过程图更侧重于控制和直接影响资源决策的人员。

为了帮助改善工作流程和减少SHEQ&S资源的工作量，图4-24中的图表按照工艺流程图进行了重新排列，如图4-25所示。每个设施将使用工艺装置特定的资源来确定其指标，组织中的每个级别都通过设施和企业SHEQ&S小组进行汇总。组合程序，在设施和企业层面上用于监控的工艺装置层面指标的汇总，与程序性“嵌套”概念类似，其中在更高级别描述的每个步骤可以分解成低级别更详细的步骤。图4-25中显示的图表可用作框架，用于更详细地汇总组织中的过程安全区域指标。图4-17显示了成功管理一般过程安全方案所固有的过程安全区域，图4-18和图4-20分别描绘了具体的CCPS RBPS方法。

从质量管理体系的角度来看，在这些分析层次中有四个连续的过程改进阶段，通过以下方式评估详细的过程活动和流程：

1 分析下列项目的每个过程步骤

  1.1 瓶颈

  1.2 重复

  1.3 返工(修理而不是防止错误)

  1.4 不必要的步骤

  1.5 延迟的来源

  1.6 角色/职责模糊不清

  1.7 循环时间

2 分析下列项目的每个决定

  2.1 权力模棱两可

  2.2 这一点是否需要决策？

3 分析每个返工回路

  3.1 防止返工步骤

3.2 消除步骤

3.3 以较少的时间返工

4 关注客户的角度(独特的“质量体系”方面)

4.1 增值与非增值步骤(最终的“客户”是公司)

虽然优势流程的流程图符合 ISO 9000 要求，但可能并不容易确定某些类型的与系统有关的流程细目，例如识别那些负责该步骤的人员，或者当步骤无意中跳过需要成为决策流程一部分的人员。

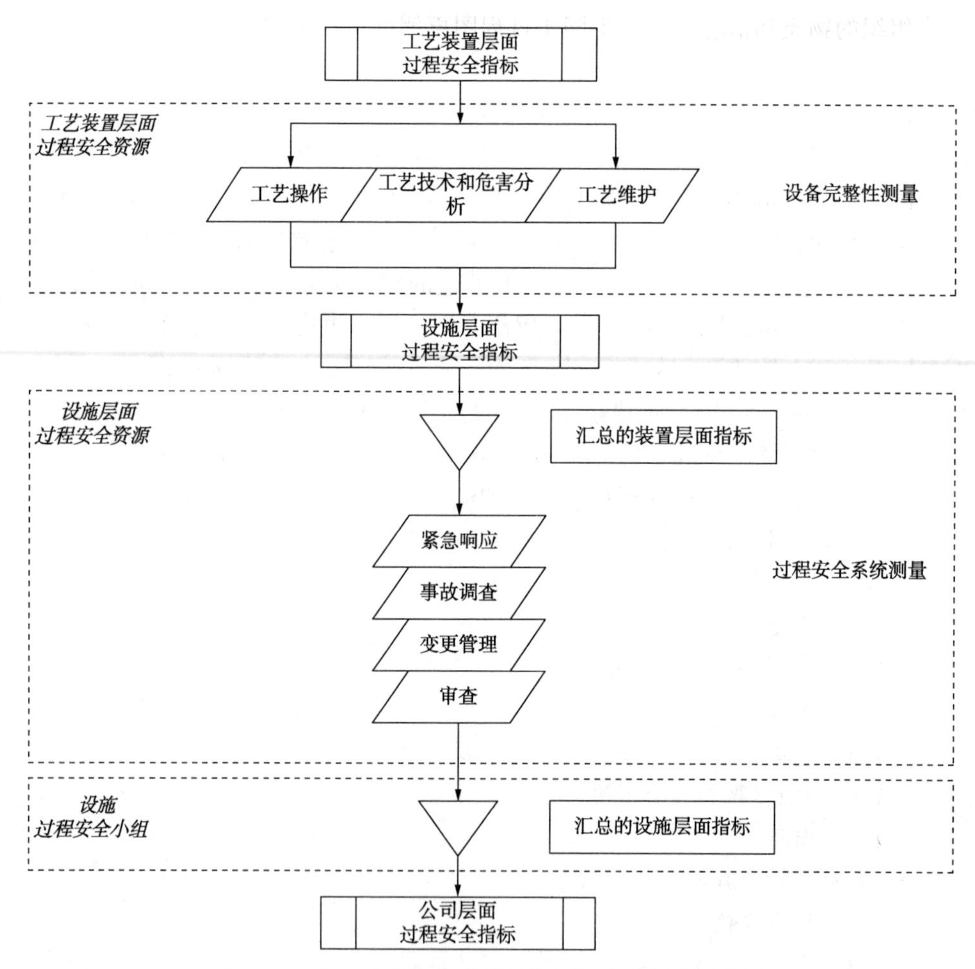

图 4-25 从工艺装置层面汇总指标的工艺流程图示例

4.10 其他值得考虑的指标

如果指标选择团队难以确定影响过程安全绩效的特定指标（这些指标可以在不同的 SHEQ&S 小组之间进行整合），则有许多可用的资源可以为潜在指标提供指导（ACC 2013c、API 2010、CCPS 2010、CCPS 2011、HSE 2006 和 OECD 2008）。在不同地点的设施之间，同一家公司内的领先指标和滞后指标可能会有所不同，这取决于系统的成熟度、系统工作的时间长度以及测量和报告的频率。

5　实施 SHEQ&S 方案

整合的管理框架提供了构建和实施 SHEQ&S 方案的框架。这个框架有助于定义整合系统的总体结构、构建方式、构建顺序，以及可以使用哪些工具来构建它。正确设计的框架有助于确保整合系统的程序与现有的管理体系相匹配(如果不加强的话)。本章介绍了一些有助于实施工作的方法。特别地，本章描述了项目的实施阶段，即“安装和测试”阶段，包括帮助试点项目进行这一整合工作的方法，如图 5-1 所示。

在整合项目的这个阶段，已经获得了对这种整合的支持，确定了现有的管理体系，并且使用第 4 章中提供的工具确定了影响过程安全绩效的常用风险等级指标。值得再次强调的是，这不是一个新的举措。SHEQ&S 项目正在利用现有的管理体系，为公司提供更有效的运营风险管理方法。本指南以“项目”的角度描述了 SHEQ&S 方案，以帮助说明成功实施项目所必需的阶段。由此产生的程序是一个过程：它没有定义的终点。实施 SHEQ&S 方案只是继续改进管理和降低过程安全风险的一部分。

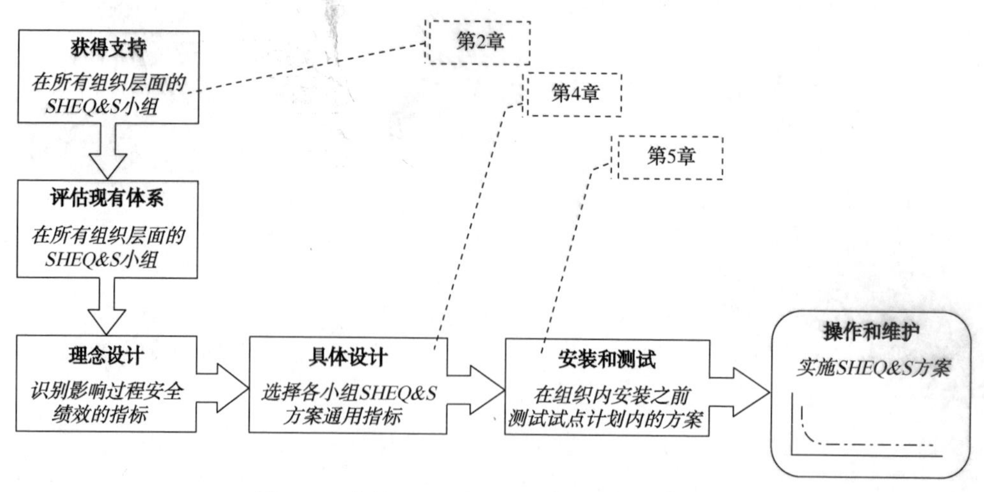

图 5-1　实施 SHEQ&S 方案的安装和测试阶段

本章首先讨论如何在实施 SHEQ&S 方案时应用 PDCA 方法，如何优先考虑整合工作，如何开发整合系统，以及如何在系统生命周期中建立持续改进的理念。在实施完整的 SHEQ&S 方案之前，组织必须制定一个试点计划，在有限的范围内对系统进行测试，了解什么是有效的，什么是无效的。在第 4 章各节的上下文中进行了设定，图 5-2 显示了本章的框架。利用现有的和非正式的管理体系的优点，本章中的试点部分提供了一些有助于确保成功的思路。

此时，指标选择小组已经为 SHEQ&S 方案选择了通用指标，并确定了当前如何在各个小组中管理它们。如果存在管理系统之间的显著差异，则需要在程序的设计中加以考虑。由于现有的和非正式的管理体系存在许多不同的组织结构，因此本指南无法解决可能存在的所有实施排列问题。每个组织都需要评估正在用于执行工作(其工作流程)的、不同的现有体系中有哪些是最好的，并为 SHEQ&S 方案选择或组合最好的系统。选择每个 SHEQ&S 管理体系通用指标的目的不是增加更多的工作，而是增强当前的工作流程。本章可为读者提供在实施过程中如何最好地应用这些概念的想法。

5.1 适当实施的必要性

SHEQ&S 方案有效实施的必要性取决于两个事实：

① 利益相关者对灾难性事故的容忍度将继续下降；

② 满足或超过利益相关方对安全运营的期望将继续对公司的长期成功至关重要(CCPS 2007a)。外部利益相关者对人和环境的安全、健康和福利的需求将继续增长，尤其是当数字化信息通过互联网流动时，提供生动、令人难以置信的火灾视觉图像，滚滚黑烟以及从水下井中流出的石油(Vaughen 2012)，可见的高层管理人员的领导和支持，以及组织中每个人每次都正确执行的行为等，对于持续改进过程安全绩效至关重要。

对于组织中每次都正确执行的每个人，近年来，他们相当重视改进操作行为和操作纪律，以帮助降低过程安全风险(CCPS 2011c、Klein 2011 和 Vaughen 2011)。有效实施的目标是由 SHEQ&S 方案产生的工作流程。“这里完成的方式”是帮助有效管理公司风险的工作流程。操作行为被定义为“一个组织的价值观和原则在管理体系中的发展、实施和维护(CCPS 2011c)”。操作纪律被定义为“每次正确执行所有任务”(CCPS 2011c)，并且“每个组织的每个成员每次正确地执行每项任务时所做出的根深蒂固的奉献和承诺”(Klein 2005)。当组织处理复杂性并在管理风险时利用高可靠性原则时，它们在许多不同行业(如核工业和航空工业）的性能都有所改善（Leveson 2011、Vaughen 2012 和 HRO 2013）。如果没有正确实施有效的 SHEQ&S 方案，组织就不能有效地提高过程安全绩效。

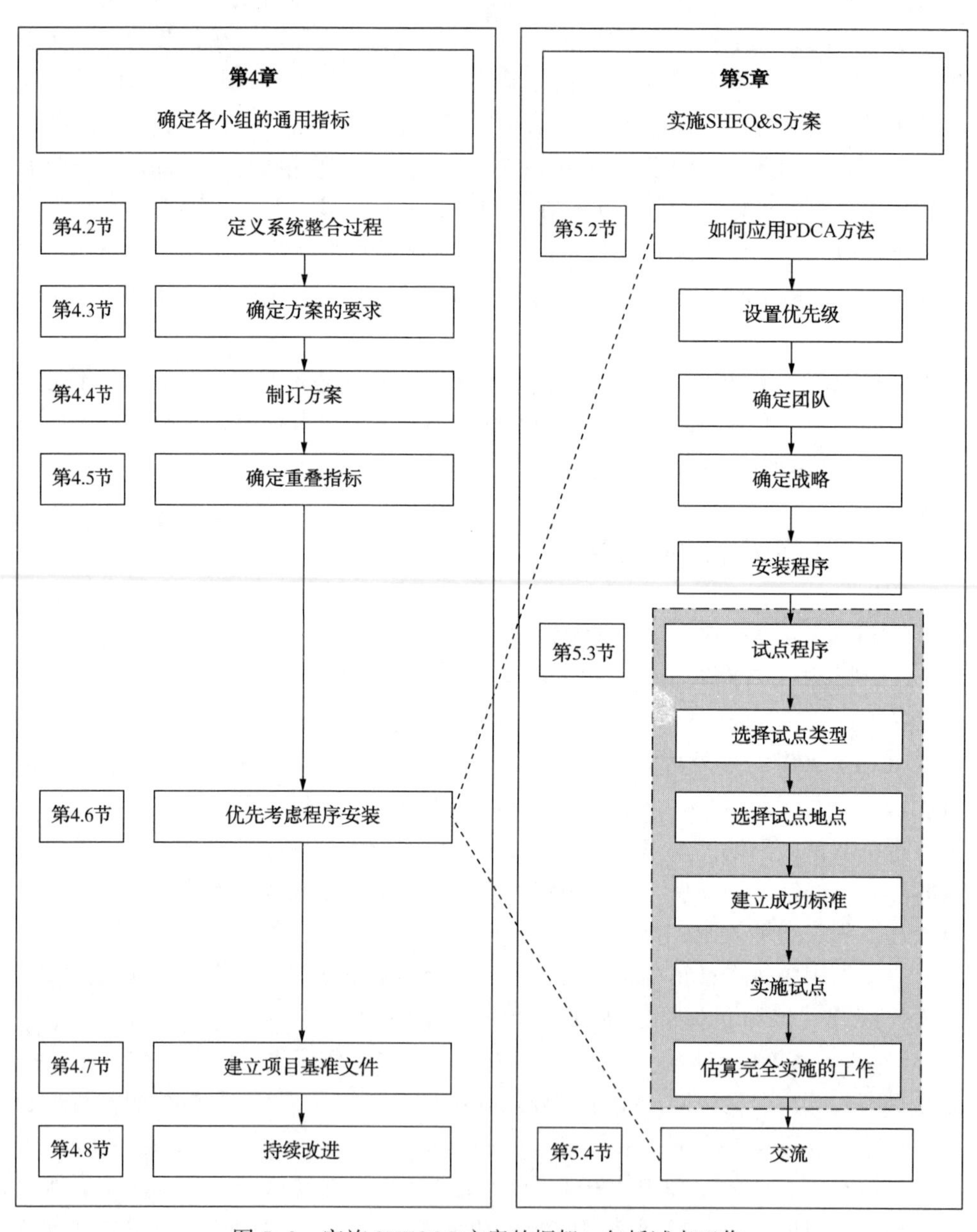

图 5-2　实施 SHEQ&S 方案的框架，包括试点工作

5.2 如何采用计划、执行、检查和行动(PDCA)方法

本节提供了规划和实施SHEQ&S方案时的PDCA方法路线图。计划必须解决这项工作的需要，以及实施该系统组织的准备工作，并明确其范围及受到影响的人员。在各级领导的支持下，该组织的政策包括确保设施围栏线内外人员的安全、健康和幸福。SHEQ&S方案将不断发展，随着时间的推移应对内部和外部的压力，重点是提高组织的过程安全绩效。

强调SHEQ&S方案生命周期随着时间的推移而演化(持续的改进预期)，这四个要素符合PDCA方法，具体如下：

(1) 计划*(在第2~4章中做了描述)*

该计划旨在执行组织的政策。基于对组织SHEQ&S资源的有效利用，过程安全绩效的改善包括了解和控制过程危险及其相关的风险和影响。计划是一个持续的过程，可能受到许多内部和外部事件和活动的影响。

(2) 执行*(在本章中做了描述)*

为了有效地实施、运行和负责其SHEQ&S方案，组织开发其领导能力、管理支持系统和实现其政策、目标和指标所需的资源。一个组织关注和调整人员、系统、战略、资源和结构，以实现这些目标，强调组织中每个人日常应用的操作原则和操作纪律。实施是一个动态的持续改进过程，随着差距和机遇的确定，审查和使用而不断发展。

(3) 检查*(在第6章中做了描述)*

为了有效地整合SHEQ&S绩效评估，组织会衡量、监控和评估其指标，并将实际绩效与目标和指标进行比较。持续改进的系统必须到位，以发现缺陷，响应和实施适当的解决方案，采取预防、纠正或综合措施。

(4) 行动*(第7章中做了描述)*

在适当的时间间隔内，组织管理层的所有层面都会对其指标(或指标总量)及其SHEQ&S管理体系进行评审，以确保满意的操作并促进持续改进。这种审计方法的范围必须足够广泛，以解决SHEQ&S活动和方案的范围。注意(再次)：当假设汇总的指标提供了正在发生的清晰画面时，必须小心。重要的细节可能会被忽略，因此可能需要保证重要工艺装置特定的反应，并且在它们被“卷起”之后不会被采取行动。

利用第1章图1-3中介绍的PDCA方法，并将基于质量的管理要素与系统的生命周期概念相结合，有助于描述SHEQ&S方案的有效组成，如图5-3所示。

计划、执行、检查和行动组成部分强调了基于危害和风险的方法，这已在本指南中做了介绍，并在其他地方做了详细的说明(CCPS 2007a)。

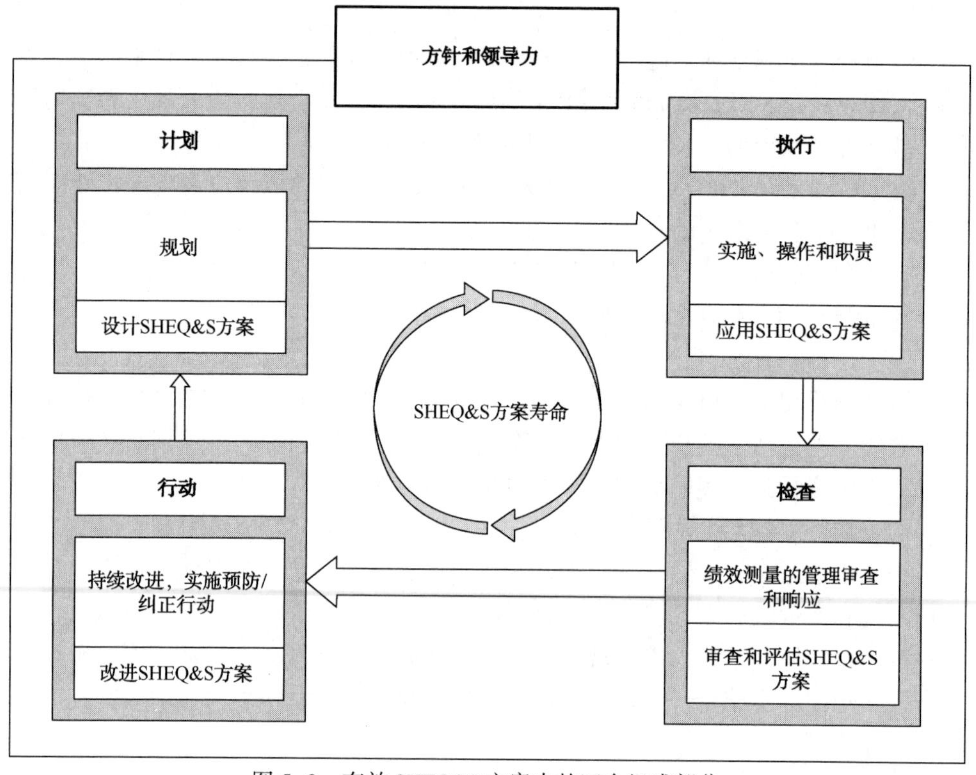

图 5-3　有效 SHEQ&S 方案中的四个组成部分

5.2.1　设置 SHEQ&S 方案实施重点

尽管对决定安装程序和要求的顺序没有硬性规定，但首先应该有一个开发和安装管理程序的计划。没有管理程序，方案和要素将会在真空中工作，很可能被那些使用它们的人忽略(这是“一切照旧”)。利用基于质量的管理体系中的要素“优先级”，SHEQ&S 方案安装过程中选择优先级的“类别”可以在表 5-1 中加以总结(ISO 2013)。但重要的是要认识到，任何特定情况下的实际优先级随着设施的管理结构和文化而改变。无论规划和设计的管理体系如何，如果没有相应的文化准备，其实施将会以失败而告终。

为了帮助整合系统优先级，表 5-2 中的这些类别与附录 E 中所示的加工设备的生命周期阶段相关联。这与常见设备维护阶段、可靠性和完整性工作相一致，其他地方描述了这些“可靠性”设备为重点的方案的详情(IEC 2013)。可靠性涵盖了工艺设备的可用性性能。在这些工作中考虑的设备性能因素包括：可靠性(操作)、可维护性(使用寿命期间)和维护支持(维护、移除)。SHEQ&S方案所关注的工艺设备的设计、制造、安装、操作和维护都是为了处理危险物料和能量。当物料和能量从工艺设备和管道中逃逸时，会发生事故，从而导致遏制损失。

表5-1 可能的SHEQ&S程序安装优先化(按照优先级的降序排列)

要求的类别(即通过ISO 9004管理体系)		类别要求的讨论
1	管理职责 质量体系原则(体系结构)	这些对任何基于质量的管理体系都是基本的，必须是首先安装的内容
2	设计控制；采购过程控制；生产控制	这些有助于确保处理危害物质和能量的设备正确设计和运行。下面列出的其他要素有助于确保符合该小组的输出
3	设备测试和检查；用于测试和检查的设备(见第8类)	安全操作取决于可靠的工艺设备，以及用于对工艺设备进行测试和检测的设备的可靠性
4	审查	在检查验证加工设备条件(工程设计)的同时，审查验证程序和管理体系(管理控制)
5	不合规纠正措施(参考类别2、3和4)	测试、检验和审查系统必须设计有效的系统来检测缺陷并纠正缺陷(当结果超出可接受的公差时要做什么)
6	培训	培训项目的发展取决于新的或增强的培训要求，并且是持续的过程，通常需要按照规定的频率进行“复习”培训
7	材料控制和可追溯性	如果原材料或材料损失构成严重的安全或环境危害和风险，则此类别将需要更高的优先级
8	质量记录 统计方法的使用(与第3类和第11类密切相关)	这些有助于记录和建立绩效衡量标准，通过分析来解决地址差距和持续改进的机会
9	经济	除非有助于提高经济效益，否则质量体系是没有意义的。但是，在整合系统的大部分到位之前，它不可能有效
10	合同审查	无论是设备维护、设备检测、检查还是基建项目，当例行使用合同工时，这些审查都有助于确保合同解决SHEQ&S风险
11	质量文件和记录(参见第8类)	这些必须与用于验证设备检查结果或行政系统审计的记录一起制定
12	处理储存、包装和交付；售后服务；产品安全和责任；采购方提供的设备	如果产品属于“从摇篮到坟墓”或“可持续性”计划，这样的职责是设施围栏外的制造商所期望的(例如“责任关怀”)，这些就比较重要了

表 5-2 考虑 SHEQ&S 方案安装优先级时，
设备生命周期和过程安全区域之间的关系

要求的类别(即通过ISO 9004管理体系)		设备生命周期阶段							过程安全系统(见注释)
		1	2	3	4	5	6	7	
		设计	制造	安装	操作	维护	变化	拆除	
1	管理职责 质量体系原则	✓	✓	✓	✓	✓	✓	✓	操作行为
2	设计控制 采购 过程控制 生产控制	✓	✓	✓	✓		✓	✓	变化管理
3	设备测试和检查(参见下文第8类)	✓			✓	✓			设备完整性
4	审查	✓	✓	✓	✓	✓	✓	✓	审查
5	不合规纠正措施(参见第2、3、4类)				✓	✓	✓		审查
6	培训				✓	✓	✓		培训
7	材料控制与可追溯性						✓		设备完整性
8	质量记录 统计方法的使用	✓	✓	✓	✓	✓	✓		审查
9	经济				✓	✓	✓		操作行为
10	合同审查	✓	✓	✓		✓	✓	✓	承包商
11	质量文件和记录(参见第8类)	✓	✓	✓	✓	✓	✓	✓	设备完整性
12	处理存储，包装和交付; 售后服务; 产品安全和责任; 买方提供的设备	✓			✓		✓		操作行为

注：过程安全领域包括对有效管理危险物质及其相关风险至关重要的其他要素(或支柱)(CCPS 2007a，Sepeda 2010)。上述系统体现了适用的“主要”过程安全要素。特别是工艺设计和设备设计会影响安全和可靠运行所需的防护层。

注意，表 5-2 还显示了与设备生命周期的这些类别相关的过程安全区域。尽管其他过程安全领域之间存在相互作用，但是在这些类别中确定的主要系统是：操作行为、变化管理、设备的完整性、审计、培训和承包商。表 5-2 中的变更元素被突出显示，以加强对任何系统演变中固有变化要素的管理；持续改进依赖于变化；管理过程安全风险要求对变更系统进行有效管理，以管理与设备变更相关的风险。因此，提高过程安全绩效的关键是确保工艺和加工设备存在一个健壮的“变更管理”系统，无论 SHEQ&S 系统是否集成。

作为 SHEQ&S 项目中优先化和选择的一个示例，试点可以把重点放在各小组变更管理流程上，解决整合实践本身——PDCA 固有的持续改进和系统生命周期方法。首先，将单独的变化控制机制整合为一个健全、简单的变更管理流程，成功整合后续控制的可能性就会增加。这个试点测试可以在各小组中提供即时和可见的结果，包括更快、更低成本地处理内部和外部变化。下文第 5. 3 节讨论了关于试点整合系统的更多内容。

另外，制订、安装项目和要素的优先顺序应该考虑在合规或过程安全相关的风险管理工作中确定的漏洞、成功的可能性(或难度)以及现有的 SHEQ&S 管理体系的优势和劣势。有关这些考虑项目的其他讨论如下：

- *解决合规或风险管理方面的差距*

如果没有达到法规遵从要求，或者没有有效控制所识别的过程安全风险，那么必须首先解决这些问题，并将纠正这些缺陷的程序放在最高优先级。

- *成功的可能性和难度*

获得早期的成功非常重要，这样可以为整合项目提供可信度。这些成功可以进行选择和计划，但是“容易”的目标可能被视为不具代表性。对简单方案和要素混合之间的选择进行平衡，有些会提供更大的挑战，这样的做法将会建立可信度。另外，通过早期处理一些具有挑战性的系统，利用最初的注意力和精力，可以在项目的早期识别和解决问题。

例如，整合基于风险的危害评估方案可能是第一个试点。尽管过程安全小组内可能存在有效的基于风险的过程危害和风险评估程序，但是基于风险的方法在职业安全或环境计划中可能缺乏可比的质量。通过使用现有的过程安全程序作为基础，开发综合方案可为这些小组提供早期的好处。

- *现有 SHEQ&S 管理体系的优势或劣势*

一个强大的方案或要素通常能够被每个人很好地理解。这提供了一个有趣的挑战：由于不愿意“修复未被破坏的东西”而导致已经在工作的东西变得困难。然而，即使是强大的方案和要素也可能从很小的变更中受益。对方案的当前状态与未来状态之间的变化程度进行评估，可以衡量需要花费多少努力来影响变化的程度。通过设计，整合系统将有助于较弱的项目有效填补这一空白，为项目经理提供更多的可信度，项目经理将利用整合系统中确定的其他项目，而不必投入大量资源来影响变化。

例如，在过程安全、职业安全与健康(包括工业卫生)、环境，质量和安全组织小组的专家进行的内部和外部审计可能有所不同，这些专家向同一工厂的同一个人提出相同(如果不是相同的话)的问题。综合审计方案为管理人员提供了更少的审计，更少干扰员工，并可避免重复工作，解决审计过程中发现的缺陷。

5.2.2 识别项目整合团队的成员

一旦建立了 SHEQ&S 项目管理计划的指令，就必须确定项目整合团队的成员并分配工作职责。尽管 SHEQ&S 项目中的资源共享会长期减少各小组的工作量，但各小组最初需要齐心协力来建立一个整合系统。在确定了专门的团队成员之后，整合的 SHEQ&S 项目需要正式授权，根据需要进行资源调配和试点，然后全面实施。在这个阶段，项目组和各级管理人员可以分担初始责任，包括处理有害物质和能源的工艺装置的人员。规模较小的独立发展小组也可能需要特许专注于设施或工艺装置特定的项目。

针对有效的项目整合团队而选择的成员应该反映组织的结构。该团队应适当地包括具有以下一种或多种能力的过程安全、职业安全与卫生、环境、质量或安全小组的成员：

- 各自小组的风险评估专业知识和经验；
- 在小组的相关技术学科中评估这些风险的经验；
- 相关管理体系(包括开发系统，特别是与质量相关的管理体系)的经验；
- 相关业务活动的经验；
- 有关工艺设备检查和维护活动的经验。

对于有效的会议，特别是由于成员将来自组织的不同级别，团队应该建立其“基本规则”，确定具有会议促进技能的成员，统一分工，并从团队中选择一名代表作为团队的领导者。团队的章程应明确工作范围，明确指导和全面实施 SHEQ&S 项目的进度计划。团队负责人将编写讨论稿，并定期向高层管理层报告团队的进展情况。

5.2.3 制订整合系统的安装策略

一旦与每个小组一起制订和审核了 SHEQ&S 方案，系统即可成功试用，然后在整个组织中安装。在成功的试点之后(第 5.3 节中描述的方法)，在安装阶段可能需要招聘额外的人员，因为安装工作最好由那些获得指标并利用其结果在整合系统内作出决策的人员来管理。根据变化的类型，可能需要临时流程来弥补从现有系统到整合系统转换过程中的差距。尽管临时流程可能需要大量的努力并且可能需要时间，但转换过程的投入对最终系统的成功至关重要。

一个成功的SHEQ&S方案会被那些必须使用它的人审查、加强和批准，并通过特殊培训来解释新系统，它如何使他们受益，以及将如何使用它。虽然有很多实施策略，但是表5-3给出了三个样本项目安装策略。每个示例显示了一个可能的实施策略。这些变化有助于符合当地情况。示例1设想与当地工作人员共同承担项目责任。示例2显示当地员工带头，示例3显示当地员工的最低参与度。其他责任组合和其他资源的使用也是可能的。在所有的示例中，不变的是在项目和要素之前制订管理流程，在安装开始之前提供本地培训。

表5-3 实施SHEQ&S项目的战略示例

步骤	示例1	示例2	示例3
1	整合团队制定综合管理流程	当地员工接受整合方法的培训	整合团队制订综合管理流程
2	当地员工接受新的管理流程的培训	整合团队和当地员工制订综合管理流程	整合团队开发的综合方案和要素
3	现有绩效的测量	当地员工制订综合方案和要素	制定临时布置方案
4	整合团队和当地员工制订的综合方案和要素	现有绩效测量	当地员工接受培训，并与他们一起审查建议的系统
5	操作培训	操作培训	操作培训
6	建立临时布置	建立临时布置	现有绩效的测量
7	安装临时布置	安装临时布置	安装临时布置
8	安装新的管理流程	安装新的管理流程	安装新的管理流程
9	安装新的程序和要素	安装新的程序和要素	安装新的程序和要素
10	项目审查，评估试点项目	项目审查，评估试点项目	项目审查，评估试点项目

5.2.4 安装SHEQ&S程序

在安装特定的程序和要素之前，必须制订和安装管理流程。虽然这似乎很明显，但是当“马车摆在马前面”时，太多的项目却失败了。所有人都了解的管理结构对于有效管理SHEQ&S项目至关重要。回想一下，表5-1给出了建立安装优先级的指导，第一级被确定为必要的管理责任和系统原则（结构）。要使系统或工作流程有效，必须建立各小组的明确责任。这包括仔细考虑由谁来收集数据，如何收集数据，以及由谁来分析数据。第 4 章介绍了一些有用的管理工具和方法，例如用于“映射”工作过程的泳道图，如前面图 4-23 所示。

5.3 试行 SHEQ&S 方案

此时，SHEQ&S 项目就存在于纸面上，现在是证明整合是否切实可行和有益的时候了。在整个组织实施新项目所需的努力可能是巨大的。浪费的努力，特别是返工，是不能承受的。一个小规模的试点提供了宝贵的学习机会。在试点研究期间，在小范围内吸取经验教训，这样在全面实施期间可以更容易地改变系统以解决潜在的问题。本节描述了如何设计试点研究，以及如何尽可能地从试点中学习。

5.3.1 选择需要测试的试点项目类型

在试点中测试 SHEQ&S 方案，目的是防止对各小组内部和之间的现有管理体系造成干扰。第 4 章就如何确定用于衡量影响各小组过程安全绩效指标的现有管理体系提供了指导。这些体系应该提供足够的信息来帮助选择试点研究的候选类型。以下段落讨论了选择试点项目类型和选择试点研究最佳位置的一些标准。

5.3.2 试点不应该太简单或太难

通过选择几乎没有 SHEQ&S 问题的地点进行全面管理，或者通过将试点的范围缩小到一个特定的方案，试点成功的可能性将会提高。尽管试点工作可能取得成功，但是项目整合团队对于帮助发现和克服潜在的问题并没有多少帮助，而这些问题在全面实施时将会出现，并且很可能不会改善其立场来说服任何怀疑者改变主意。一个简单试点的较好示例就是选择一个管理有害物质库存的仓库。另一个简单试点的较好示例就是选择一个过程安全系统而不解决复杂的系统交互问题，如第 4 章第 4.6.1 节所述。在任何一种情况下，通过学习来了解潜在的问题可能会出现在整个项目实施过程中。选择需要重大试点项目的设施或部门，要做出重大的努力和改变，也可能过于苛刻。一个非常困难的试点可能会提供重要的信息，而牺牲该计划的可信度。一个成功的试点将在这两个极端之间找到一个平衡，不是太简单，也不是太难。如果存在的话，代表完整的整合系统的类似版本的设施或部门将是理想的选择。

5.3.3 试点应该能够测量改进——一些指导

如果不能衡量这些改进，进行试点就没有什么意义。本节将讨论可以使用的措施，并在下面部分讨论测量成功的明确目标。SHEQ&S 团队绩效良好的设施或部门是很好的候选项，尤其是那些能够衡量现有管理体系效率的记录。

有关改进的数据对于证明整个项目的合理性至关重要。如果结果不充分，试点没有证明它的好处，整个项目的实施就可能不会被授权。但是，期望在试点项目的整个生命周期内实现整合的全部效益是不合理的。只有在员工熟悉新的整合系统后才能获得一些好处。项目整合团队可以使用其他质量管理项目的经验，预测在确定了一些较大的改进之后整合所产生的全面影响。

虽然 SHEQ&S 方案将为每个 SHEQ&S 团队选择提高过程安全性的指标，但 CCPS 已经制订了过程安全绩效测量指南，可以提供关于哪些关键过程安全指标可以衡量的有用想法(CCPS 2010，CCPS 2011b)。CCPS 发展绩效评估方法将质量管理体系与稳健的统计方法相结合。这项工作确定了过程安全绩效的明确、可测量和实用的过程安全指标。本着持续改进的精神，定期审查和更新这些指标，以维持其相关性和实用性。有关这些指标的更多信息，请参阅 CCPS 系列(CCPS 2010)的单独指南。

在选择适当的指标时，项目整合团队必须考虑可以使用的不同类型的指标。度量类型可以包括过程内度量标准、合规性度量标准(内部标准或外部法规)以及特定的“遏制损失”度量标准，这些度量指标用于衡量工艺装置或环境中工作的员工的健康和安全的影响。由于 SHEQ&S 小组之间存在许多可能的度量组合，因此对当前监测和跟踪试验基线的测量值进行调查和分析非常重要。第 4 章第 4.5 节讨论了确定影响过程安全绩效重叠度量指标的方法。

安全和环境绩效的改善可能会缓慢。虽然重大事故较为罕见，但“黑天鹅”事故的任何减少都要经过几年的时间才能在行业中显现出来(Murphy 2011、Murphy 2012、Murphy 2014)。出于这个原因，必须在试点项目中结合使用“领先”指标，以表明正在进行改进。领先指标不仅更加主动，而且有助于在事件发生前识别弱点。他们可以在几个月内显示出改善。根据试点计划的范围，如果计划一年来“证明”自己，那么需要几年才能显示改进的指标是不够的。第 1 章第 1.8 节提供了关于过程安全度量标准最新进展的讨论，包括领先和滞后标准(罕见事件)之间的区别。因此，建议在试点中选择领先和滞后指标的平衡点。

5.3.4 选择试点的位置

选择对试点开放的设施将增加试点成功的可能性，以及成功完成组织中SHEQ&S方案的可能性。本节介绍了在设施中试用该系统之前可能需要解决的一些屏障，并介绍了一些设施或部门特定的功能，可以帮助改善试点工作的成功。对于大型组织来说，设计一个专注于组织中一小部分的试点是比较合理的。对于小型组织而言，范围可能需要更大才能有效地衡量试点的成功，并且可能涉及整个组织。

5.3.5 解决试点的屏障

第2章早些时候确定的整合屏障或担心的问题影响了选择试点工作的地点。由于大多数管理人员宁愿让别人在他们不得不使用一个新程序之前对其进行调试，因此对试点研究的阻力往往很大。屏障的解决方法通常与整个方案相同。根据组织的规模和试点工作的范围，一个设施的试点费用和工作人员的部分或全部减免可由公司承担。

如果成本有任何问题，则必须强调，工艺、人员和环境安全管理相关的成本有助于减少(如果不能预防)与过程安全事件相关的运营成本。由于有害物质管理体系和方案的不足，该行业仍然经历了许多可预防的事件。与成熟的，有效管理的安全系统相比，相对不太成熟的安全管理体系，不管是最近引入到设施还是创建来管理新的工艺技术和流程，都可能是保守的设计，分配了太多的资源来管理风险。这些不太成熟的管理体系以“安全”的名义进行了过度设计，确保有足够的安全“缓冲”来实现安全可靠的运行。然而，系统还没有时间来建立最小化总体风险的资源优化。质量管理方法的使用有助于确保新系统更有效，并随时间降低成本。

由于整合系统可能需要改变组织结构和人员配置，组织问题也可能会被提出。只有解决这些问题中的一些问题，试点项目的选择才是一个可信的考验，但是太多的组织变革使得试点研究很难迅速完成并增加抵制。因此，选择一个在组织结构上具有更大灵活性的地点可能是有用的，要么是因为个人职责多样化，要么是关键人员在组织内部具有非常安全的职位。下面的第5.3.6节提供了一个成功案例的示例，在这个过程中，一个设施的缓慢而有意识的组织变革从领导层面开始“转化”成一种积极主动的安全文化。同时，SHEQ&S团队在新的文化中发生了显著的绩效改进。

5.3.6 查找试点的设施位置

在每个组织中，有一些部门比别的部门更愿意尝试新的想法。下面列举了一些例子，说明哪些设施可以增加整合系统试点工作取得成功的可能性。以下列举了用于识别可能增加整合系统试点试验成功可能性的设施示例。

具有新领导的设施

最近任命了新的管理人员的设施内的设施或部门很可能成为试点工作的候选。这些管理者可能会保留原来的问题和忠诚度，并且经常欢迎一个具有挑战性的项目来把他们的新团队带到一起。但是，需要注意的是，拥有多个运营团队的大型设施必须具有更高层次的发起人，提供明显的支持，以帮助保护新的管理人员。

生产特种产品和商品的设施

一些设施和部门的工作领域与技术相关的变化是司空见惯的，他们的员工也因此而蓬勃发展。例如，特种化学品公司每年都会推出几款新产品，他们熟悉并喜欢变革带来的挑战。相反，具有静态部门的已建立的设施很少发生变化，它们可能会抵制试点项目的想法。例如，专注于生产特定产品等级的商品化学品操作可能不愿意承担任何风险。（“为什么要解决没有破坏的问题?”）无论是以专业还是以商业为基础的操作，成功实施新系统都必须解决与人员互动有关的工作流程（参见下面简要的安全文化讨论）。

侧重于质量管理的设施

一些设施已经实施了与 Six Sigma 或 Lean 流程相关的质量管理体系，帮助其维持（即使不增长）与满意的客户的市场份额。这些设施及其部门具有支持和购买质量理念的历史，因为他们自然地赞同持续改进。他们的“新”客户是内部的，SHEQ&S 项目的好处是不会很难兜售，设施已经知道“总是有改进的空间”。这些设施必须提供与变化相关的每个人之间的公开交流，随着技术和系统的进步，冒着成为“本月流行口味”的危险，在最需要的地方失去他们的支持。

具有主动，相互依存的安全文化设施

找到具有开放和积极的领导能力，以及强大的、相互依存的安全文化设施，将有助于试点工作的顺利开展（DuPont 2013）。当共享来自其他设施的成功示例时，如图 5-4 所示，杜邦设施实施并维持了显著的文化更改，所有团队对绩效改进的抵制都会减少（Knowles 2002）。在这种情况下，杜邦百丽处理大量有毒和易燃材料的设施，从 1987 年到 1995 年，其伤害率降低了 96%，环境排放减少了 88%，生产力提高了 45%，收入增加了 300%。这种努力持续了十多年，但不幸的是，管理层在2006年之后停止了与人们的交谈，他们的言辞与他们的行动和退休不一致，人员配置的变化对在场工作人员产生了负面影响。加上整个SHEQ&S系统管理过程安全的复杂性，建立在百丽公司层面的强大信任关系基础上的收益丧失了。管理层的支持和相互依赖性的丧失导致了2010年一系列严重的有毒物质泄漏事件，其中一起事件导致光气泄漏，造成人员死亡(US CSB 2011b)。一系列的排放事件之后，EPA也在2014年开出了高额罚款。

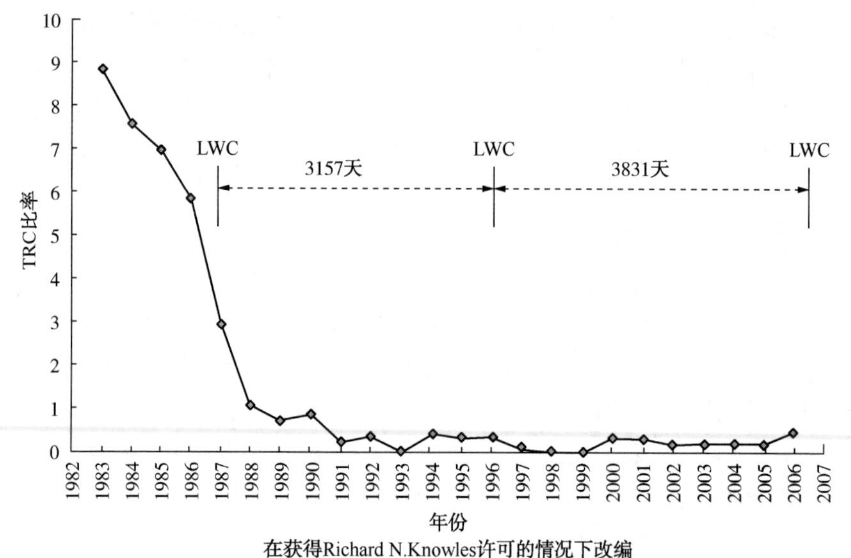

图5-4　领导力文化变迁如何改善指标的示例

TRC—总的可记录事故率；LWC—损失工作日案件

5.3.7　建立试点的成功和失败标准

为了确定试点工作的成功标准，在有用的、可衡量的领先和滞后指标(第5.3.2节和第5.3.3节)之间进行平衡的选择，应该与试点范围相结合，这不是太容易或太具有挑战性(第5.3.6节)。开发和安装整合系统，无论是在试验阶段还是在全面实施阶段，“早期成功”和“挑战”的平衡对于展示整合工作的好处是至关重要的。如果利益相关者参与成功标准的选择，那么试点项目的成功将对试点项目整合工作进入SHEQ&S项目实施阶段具有可信性。

通过一开始就制订成功的标准，在提出支持成功或失败的数据时，试点结果将更加可信。成功为追求全面实施提供了动力；失败迫使方案整合团队重新评估努力并从经验中学习，如果方法不可挽救，则完全放弃这个方法(这是“回到制图板”)。切记，试点项目的目的是在整个组织实施SHEQ&S方案之前，小规模地处理 SHEQ&S 项目的“缺陷”，部分试点工作是通过设计迅速识别未曾预料的、潜在的不良后果，并在后果很小的时候予以纠正。按照过程危害分析的说法，试点的目的是减轻如果在实施过程的早期没有处理可能发生的后果。

团队也应该衡量试点本身是否成功。必须定期审查进展情况，并与试点计划进行比较，以确保最终取得成功。

虽然该组织的目标之一是确保处理危险材料和能源的人员的安全、健康和幸福，但如果证明具体的经济利益来支持整合工作，将会使整个实施过程中的变化更容易在组织中的不同团队得到证明。前面提到的一些管理层关注的问题，特别突出了经济方面的问题：“实施成本太高”“降低成本的目标还没有实现”。因此，成功的措施也应该包括一些经济利益。从本质上来说，基于影响过程安全绩效的度量标准，SHEQ&S 系统的整合可以减少组织工作量。

5.3.8 实施试点

为了在组织中成功实施 SHEQ&S 方案，试点安装阶段的设计应与整个项目的设计相似。该计划的愿景已在第 2 章第 2.3 节中讨论过，见图 2-5，并与相关方提出的问题和答案一起提供。附录 C：当全面实施 SHEQ&S 时，更容易转移和应用试点经验教训程序。试点工作还提供了充分实施后可用于培训组织其他部门的信息和步骤。试点课程以更小，但更易于管理的方式，解决了我们在改善过程安全性能的过程中可能出现的波折。

5.3.9 估算完全实施的 SHEQ&S 方案的工作量

尽管方案整合团队能够利用其他系统的先前经验来预测整合的全部影响和成本，但在试点工作过程中可以提供信息，以帮助进行这些估算。在试点实施阶段发现的任何问题，都可以根据“路上颠簸”的大小对未来的工作进行“预测”。所需努力程度因下列因素而变化很大：

- 整合的特定方面是基于现有系统还是需要全新的设计；
- 现有系统是否已经与综合管理体系的结构相一致(需要更多的努力来弥补差距)；
- 与现行管理体系结构是否一致的，现有体系是否包含所有成功的基本要素(是否还需要其他功能?)。

对工作级别的估计结合了参与人员数量以及预期实现整个系统的设计时间。从与最终整合系统最为匹配的一个小组的既定系统开始，其他小组需要处理的差距不会很难识别和升级。但是，如果没有建立基础的模型，那么组织所需的工作量可能相当大。同样重要的是，要考虑与组织各级利益相关者讨论所需的时间。考虑到需要的资源和时间，以确保他们的需求得到满足，包括开发培训计划所需的时间，然后为每个小组提供培训。在现有系统的基础上，利用这些系统，实施成本将会降低。

尽管安全、职业安全与健康、环境、质量和安保小组的一些责任可能转移到不同的管理者和员工身上，但这是 SHEQ&S 方案设计的一部分。对失去或获得责任感的“怨恨”是组织资源分配优化目标的重要组成部分(参见第 2 章，图 2-4)。承担责任的转移，确保切实有效地履行，包括新的责任人员与老员工一起工作，老员工保留一定的责任，老员工与新员工一起工作，新员工接管责任的新制度，或两者兼而有之。或者，可以开发一个临时管理程序，以便在过渡时期管理老员工和新员工。由于各个设施存在不同的管理制度和文化，大型企业的交接问题将因设施不同而不同。

5.4 交流

尽管试点研究中的交流是由有限的小组人员进行管理的，但在大型组织的试点过程中，有效地交流进展和问题可能比较困难。重要的是要提醒那些没有直接参与试点进展的人，完全实施的体系将在未来某个确定的时间点完成，并解决了主要缺陷。这些定期沟通需要针对不同的受众量身定制，无论他们是在公司、设施还是工艺装置层面。工艺装置层面的沟通必须覆盖每个班次将受到影响的每个人。电子邮件本身不足以作为有效的沟通。定期提醒别人 SHEQ&S 方案的意图，特别是如何从长远来看使他们的生活更容易，使注意力集中在努力上，在整个组织中加强这种努力对公司未来的成功很重要。

在试点整合系统之前的通信主题可以包括试点预期的持续时间和时间表、试点的类型以及试点的位置。试点过程中涉及的主题包括对重大事件的可衡量进展，正在解决的任何问题，甚至出现意想不到的好处。在试点完成之后，根据在开始时选择的指标，应该交流全面实现的估计成本和收益、所吸取的教训以及有助于提高总体成功的更改，以加强全面实现工作。

6　监控 SHEQ&S 方案性能

本指南的前五章主要关注使用 PDCA 生命周期方法的 SHEQ&S 方案的计划、实施和应用阶段。SHEQ&S 方案将使用影响 SHEQ&S 团队过程安全绩效的指标，应用系统和程序来运行安全可靠的设施来管理过程危害和风险。

本章讨论 PDCA 方法的下一个阶段，即检查阶段，重点在于对 SHEQ&S 项目绩效评估的管理评审和响应，如图 6-1 所示。人们认识到，组织管理体系的成熟度及其使用的指标在组织之间会有所不同。因此，对于可能没有成熟管理体系的组织，本章可以作为帮助监控绩效的起点。对于具有完善的管理体系和指标的组织，本章可能被用来提供用作增强当前系统的想法。

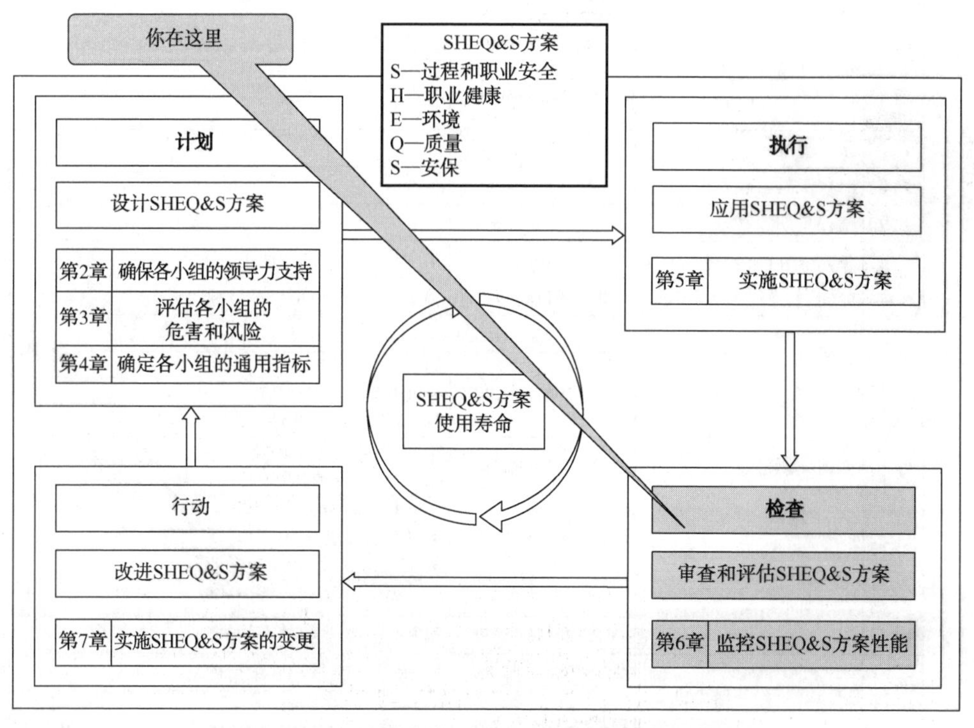

图 6-1　“计划、执行、检查和行动”的审查和评估阶段

由于已经编写了其他 CCPS 指导原则来提供详细的“监控系统性能”信息，因此根据需要在本章中引用表 6-1。表 6-1 中的 CCPS 参考文献是相对于本章中的章节列出的。必须指出的是，用于监控绩效和效率的基于风险的指标必须有效衡量 SHEQ&S 方案的绩效。如果没有适当选择绩效评估，组织将无法监控和跟踪绩效改进。

表 6-1　其他 CCPS 指南参考

6	监控 SHEQ&S 绩效	参考	具体章节
6.1	审查和评估方案绩效的必要性		
框架			
6.2	如何加强整合的框架	CCPS 2007(RBPS)	第 3 章：过程安全文化
6.3	如何利用管理审查对差距作出响应	CCPS 2010(指标)	第 7 章：驱动绩效改进；第 7.5 节：管理审查
		CCPS 2011a(审查)	第 23 章：管理审查和持续改进
6.4	如何利用领导力		
6.5	道路图和过程改进计划	CCPS 2007(RBPS)	第 22 章：管理审查和持续改进
		CCPS 2010(指标)	第 7 章：驱动绩效改进；第 7.5 节：管理审查
		CCPS 2011a(审查)	第 23 章：管理审查和持续改进
6.6	审查和验证方案	CCPS 2007(RBPS)	第 4 章：符合标准 第 21 章：审查
		CCPS 2011a(审查)	第 2 章：实施 PSM 审查 第 22 章：审查
6.7	跟踪整改行动		
6.8	一些工具(统计方法)		
6.9	捕捉早期成功		
6.10	提高 SHEQ&S 管理体系的绩效	CCPS 2010(指标)	第 7 章：驱动绩效改进
		CCPS 2011a(审查)	第 23 章：管理审查和持续改进
交流			
6.11	如何使用信息	CCPS 2007(RBPS)	第 5 章：过程安全能力 第 8 章：工艺知识管理 第 14 章：培训和绩效保证
		CCPS 2010(指标)	第 8 章：改进工业绩效 第 8.1 节：标杆管理
		CCPS 2011a(审查)	第 6 章：过程安全能力 第 9 章：工艺知识管理 第 15 章：培训和绩效保证
6.12	活动利益相关者的反馈	CCPS 2007(RBPS)	第 7 章：利益相关者的外联
		CCPS 2011a(审查)	第 8 章：利益相关者的外联
6.13	指标分析和交流示例	CCPS 2007(RBPS)	第 20 章：测量和度量指标
		CCPS 2010(指标)	第 6 章：结果沟通 第 6.3 节：不同的观众

本章探讨了使用 SHEQ&S 方案成功提高过程安全绩效所必需的监控和跟踪框架，为这些计划提供了一个备忘录，并提供了一些交流如何随着组织中利益相关者的水平而变的想法，（即他们需要的信息以及如何使用他们的反馈来改进）。它讨论了使用领导管理评审来监控 SHEQ&S 方案的框架，以回应缺陷和差距。领导必须参与到这项工作中：审核和验证 SHEQ&S 方案，然后监控和跟踪纠正措施，直到行动得到有效执行并关闭。

此外，本章还简要介绍了一些有助于数据分析和趋势分析的统计方法和工具，其中一节还描述了为什么“尽早”取得成功很重要：为 SHEQ&S 项目在提高组织过程安全绩效的有效性上建立可信度。第 8 章介绍了监测、分析和跟踪指标的示例及其在组织不同级别的通信中使用的相应表示。

6.1 审查和评估计划表现的必要性

测量、分析和跟踪指标的结果可以让组织了解其短期和长期的过程安全绩效是否有所提高。如果指标不能估量重要的过程安全相关危害和衡量为管理这些危害而设计的系统，那么组织就不知道它的缺陷在哪里以及实际存在什么样的过程安全风险。如果没有检测到这些缺陷和风险，那么也就不能有效地应对。

如前所述，过程安全度量标准与传统的职业安全与健康度量标准不同，必须特别加以处理以提高过程安全性能。领导需要将其过程安全风险降低决策建立在度量数据分析、风险评估、调查根本原因分析、审计发现等的组合之上。当发生灾难性的过程安全事件时，组织中的每个人都可能感到惊讶，特别是当以前没有发生过任何相同历史事件的时候。幸运的是，最近在可测量的过程安全指标类型方面的进展，可以主动为组织提供选择和审查他们如何控制和管理危害和风险的方法（CCPS 2010，HSE2006，HSE 2011b），以及过程安全的措施。

6.2 如何加强整合的框架

管理评审计划使用指标来加强 SHEQ&S 方案框架，这些指标考虑和补充了监控 SHEQ&S 方案绩效的指标。这些指标应该评估现有实践的质量和可靠性，确定重复的研究结果，并确定活动计划的执行情况。他们应该通过衡量审计结果的类型和数量来帮助监督组织的绩效，或者通过衡量 SHEQ&S 管理体系缺陷的事件数量。CCPS 参考文献提供了关于强化整合框架与强化过程安全文化的更多细节，见表 6-1。

使用不同的度量来描述过去的表现，帮助预测未来的表现，并鼓励行为改变，以改善组织的操作和操作纪律。这些衡量标准确定了当前的性能，并将此衡量标准与预期具有卓越性能的标准容差进行比较。所发现的任何缺陷都可成为领导层通过纠正措施优先考虑和解决的空缺。这些改善机会强化了过程安全事件可预防的信念。领导层必须致力于加强组织的过程安全文化，此过程要在必要时通过分配人力资源和资本资源来实施和弥补差距，并在采取纠正措施的明显支持下进行。

6.3 如何使用管理评审来应对差距

过程安全系统绩效管理评审通过评估旨在控制过程危害和风险的管理体系，来补充正式的过程安全系统审计。设施的内部例行管理审查评估其管理体系是否按预期执行，并有效地产生期望的结果(CCPS 2007a，HSE 1997，HSE 2013a，HSE 2013b)。审计是系统的、独立的审查，以验证是否符合规定的要求，及时提供快照(CCPS 2011a)，而管理评审包括查看指标分析，审计结果、事件，流程干扰和员工调查/意见等。在设计方面，管理评审比审核更频繁，也更不正式，监督管理体系的“健康”。管理评论有助于在系统出现问题之前发现与系统相关的问题。

尽管组织内部各级都进行了管理评审，但企业级评审却无法解决设备日常运营问题，而必须依靠设备级评审来衡量其工艺装置的能力。SHEQ&S 项目管理评审工作应着重于处理有害物质和能源的设施。管理评审应以特定的频率进行，通常为几个月，并有明确的程序记录系统缺陷，提出建议，确定期限，并将责任分配给个人。

以安全可靠的运营为重点，运营可靠性在为这些评估提供信息方面发挥着重要作用。另外，高度可靠地组织开发审查，每个人都可以提出疑虑，特别是在他们认为是“意外”的事情上，无论是涉及控制流程还是流程设备偏离其设计意图。这些评估包括解决管理体系用户提出的问题，这些问题也需要随着运营问题的变化而变化。表 6-1 列出了 CCPS 提供的关于管理评审的更多细节。

6.4 如何参与领导

高级领导应由直接下属和其他重要人员主持管理评审会议。当一个组织中的各级领导在理解这些问题的答案时，都会参与管理评审过程：

① 我们的管理体系或计划的质量如何？

② 是否提供了预期的结果？

③ 我们正在做正确的事情吗？

通过开发或选择管理评审的指标，组织中各个级别的人员可以对这些评论(在其管辖范围内)进行操作，来实施更改并帮助提高绩效。产出是衡量业绩的一个指标，表明短期和长期都有改善。如果质量没有得到满足，管理层就有了第一个问题的答案。如果结果不是预期的，那么第二个问题就得到了回答，第三个问题的答案可能为“否”。

在新的系统培训课程中，各级领导参与其中，这为超越由提高新整合系统知识和技能带来的显而易见的好处提供了机会。这些会议提供了讨论现有系统的机会，并帮助确定存在改进机会的领域。培训工作将为未来的用户在系统实施之前提供帮助识别问题的机会。

6.5　路线图和过程改进计划

SHEQ&S 方案评审的路线图包括以下内容：

① 定义角色和职责；

② 建立性能标准；

③ 方案有效性的验证步骤。

角色和责任为决策提供了明确的权限，包括谁负责和负责管理审查制度的执行。被审查的管理体系的所有者负责收集和提供绩效相关的信息，其他人则直接参与系统程序的实施相关信息的提供。这些信息的观察结果应包括问题及改进建议。

管理评审的执行标准应与被评审管理体系的标准相同。这些标准包括管理评审的范围和目标，评审的频率和深度，评审结果的解决要求以及如何评审。

提高管理评审有效性的方法应着重于提高支持管理体系活动绩效和效率的方法。文献中提供了一些提高管理评审程序性能和效率的思路(摘要见表 6-1)。具体的示例包括如何保持可靠的实践，如何进行审查，以及如何监督组织绩效。

可能需要不时地重新设计或调整措施，以反映运营和/或监管要求的永久变化。基于任务完成数量或花费时间的目标或指标很可能需要这种调整。应该分析期望与现实之间的差异，并找出这些差异的根本原因。在适当的时候，应该开发和安装管理体系的变化。表 6-1 列出了 CCPS 提供的关于持续改进计划和改善试点性能的更多细节的参考资料。

6.6 审查和确认方案

审计旨在揭示 SHEQ&S 方案的成功与失败。单纯依靠审计结果时必须小心，因为如果正确的数据未被正确衡量，那么就检测不到重要的差距。例如，如果审计或指标仅审查培训记录，则他们只能衡量接受培训的人员的质量。可能有相当数量的人没有接受过培训，留下的信息差距会产生负面的结果。

如前所述，在审计过程中发现了两个一般的“细分”类别：①由于在跟踪系统时出现单一错误而导致的一次性问题；②系统或重复性问题，这些是管理体系固有弱点所产生的结果。由于审计是积极的审查，一次性错误的解决方案应该基于潜在的后果，例如事件或不遵守情况，或者是否有其他的安全措施来防止错误发生。系统性问题需要重新评估现有的系统，解决方案从轻微的程序变化，到增加其他保护措施或重新设计系统。

验证 SHEQ&S 方案可以被解释为确定整合系统的性能是否达到预期或已确定的目标。如果发现预期或目标过于雄心勃勃，则可能不需要采取纠正措施，且要重新评估性能指标。此外，验证措施将随着时间的推移而发生变化。

审计有助于验证管理审查计划的有效性，因为管理审查如果运作良好，应在审计发现问题之前确定问题。但是，审计不应该是肤浅的。审计可以识别指标的问题/担忧，例如：

- 指标数据未被正确收集(垃圾进/出)；
- 收集数据需要过多的人力；
- 指标总是表示 100%或 0；
- 未收集主要风险或薄弱屏障的指标数据。

事件调查为验证管理评审提供了另一种手段，因为调查中发现的差距可能是单独的管理体系差距，也可能是管理评审期间未查明的系统性差距。表 6-1 列出了提供审计和验证更多细节的 CCPS 参考资料。

6.7 跟踪纠正措施

应该有一个流程来追踪纠正措施的进展情况，以解决 SHEQ&S 方案的管理评审或审计过程中发现的不符合情况。核实采取的行动是否适当，是否符合原先的建议，充分降低风险是非常重要的。高度优先，高风险的行为应由独立的合格人员核实“完成”。

跟踪这些行动的方法包括数据库或电子表格，这些数据库或电子表格对行动进行优先级排序并报告其状态无论是不是电子化的，一个有效的跟踪系统包含对原始发现的描述(为什么它被认为是一个缺陷)，明确的解决空白的范围，一个负责缩小差距的人(他们可能不是真正的工作，负责资源可以这样做)，并确定必须关闭调查结果的具体日期。或者关闭的纠正措施，系统必须具体记录所做的工作以及何时关闭。根据纠正措施需要哪个级别，管理评审或审核中确定的缺陷和差距应该分类，列入清单，并通过设施或企业纠正措施追踪数据库进行跟踪。由于并非所有指标都适用于所有级别，因此组织应区分何处以及如何最好地跟踪这些调查结果。

6.8 统计方法和工具

由于测量和跟踪指标具有不同的类型，因此会有不同类型的统计工具用于分析和解释数据。如果获得不准确的数据，基于错误分析的决策可能无效，决策行为可能导致系统性能下降。性能数据分析通过发现趋势，帮助确定需要改进的领域，帮助确定根本原因，并帮助确定解决根本原因所需行动的优先顺序。认识到还有其他类型的度量分析和工具，如果适用，这些示例可作为一些想法供大家考虑和使用。

虽然一些指标可能容易识别、建立和跟踪，但在领先指标和滞后指标之间建立平衡很重要。领先和滞后标准之间的差异在本指南的附录 B 和其他地方注明(CCPS 2011b，Hopkins 2009)。这些标准用于确定是否达到预期以及人们是否会作出回应以纠正缺陷。被优选使用在失败或事件发生之前识别潜在问题的度量。有效实施基于度量分析的纠正措施和决策，将会提高过程安全绩效，并指出监测和响应领先指标结果的积极行动有助于防止导致滞后指标的事件发生。

这些指标还有其他方面(如 CCPS 2011b)。滞后-领先的指标的连续性可以基于实际测量的内容以及做决策的人员所依据的信息来加以描述。“什么”可能是一个活动或结果指标，用于跟踪主要指标(无论是否发生某个操作)和结果指标(操作是否产生了预期的质量或性能)。“谁”是指标数据分析的目标受众。受众可能是内部的，结果用于做决定，帮助组织管理自己的工作和活动。外部受众习惯于公开展示组织的绩效。认证组织或监管机构可能需要一些外部指标。

本节介绍一些衡量标准可以采用的形式，这些形式会影响用于分析数据的统计工具，为决策者提供值得信赖的结果。尽管基于 Six Sigma 方法来提高质量的统计变化细节超出了本指南的范围，但本文也包括了这样的简短讨论，以帮助读者根据需要指向额外的资源。

6.8.1 指标的形式

度量指标可以以绝对形式、比例或指数表示。此外，表单的选择取决于度量指标的目标受众，无论是仅供参考还是需要回应。绝对的衡量标准是一段时间内具体活动或事件的简单计数。他们不衡量活动或事件的质量，而且在整个组织内进行比较时往往没有用处。比率是规范化的度量标准，为比较组织不同部分的结果提供了更好的上下文。指数是一个数字，表示与一个尺度或一个尺度上数字的关系，表示相对于同一尺度上其他数字指数的值或水平。这两个比率和指标都对绩效“基准”有用，帮助决策者了解是否有必须解决的问题。

良好的度量标准允许进行准确和详细的比较，得出正确的结论，很好理解并具有量化基础(即可以进行统计分析)。他们必须是可靠的、可重复的、一致的、独立的，并与被测量的过程或活动相关。应该有足够的数据使分析有意义和及时，并在需要时提供信息。如果适用，它们应与其他类似指标相媲美，应适合于公司和法规遵从性，并应适合于受众。在所有情况下，它们应该易于使用，并定期进行审计，以确保它们满足并继续满足其所有受众(即利益相关方和决策者)的需求。

6.8.2 统计工具

统计工具为决策者提供了度量数据分析的重要性，有助于回答这样一个问题：信息与预期的信息有很大的不同，如果是这样，有多少？统计差异越大，差距越大，发现的优先级越高。简单地使用绝对指标对事件进行计数和报告并不能说明整个故事。因此，绝对数据通常是随着时间的推移而变化的，以帮助那些使用数据的人了解情况是否好转或者情况好转。通过包含以下数据，可以通过许多方法“规范化”度量标准：

- 在规定时间内工作的人员小时数(“曝光小时数”/单位时间)。
- 在规定的时间内生产的总产量[磅/小时(lbs/h)，公斤/小时(kg/h)，桶/天(bbl/d)，加仑/天(gal/d)，升/天(L/d)等]。
- 在特定时期内生产的生产批次的数量。
- 按时执行预定的设备检查次数。

应仅使用标准化的数据来评估过程安全性能，因为这些“比率”可能会将注意力从过程安全性度量标准的细节以及实际测量的内容中吸引到注意力之外。

6.9 抓住早期“成功”

由于SHEQ&S项目的绩效改善可能需要很长时间才能显现出来，因此必须抓住早期“成功”才能维持上层管理层的支持。在实施整合系统之前，从现有系统中选择基线并包括来自不同SHEQ&S系统的管理评审和审计报告的信息将为比较和证明改进提供基准。

使用的指标取决于SHEQ&S方案确定的具体目标。“检查”步骤应确认整合系统的预期效益正在实现。例如，与遏制相关的滞后指标的损失可以反映综合管理体系的总体有效性，随着时间的推移而减少。另一方面，可能发生的遏制事件损失的主要指标可以检测到潜在的故障，这可能导致遏制事件或其他不良事件的丧失。效率和成本措施可以跟踪管理体系的绩效。其中一些措施适用于例行的每周、每月或每季度报告，而另一些则更难以量化，可能每年只能开发一次。

由于大型过程安全事件的成本很高，因此在分析范围内保持滞后指标是非常重要的。整合系统中所存在的早期故障，例如重大偶发事件发生次数异常增加时，可能表明整合系统可能缺少关键步骤，系统设计需要重新评估。侥幸是事故和事故的领先指标，不容忽视。

6.10 提高所有SHEQ&S管理体系的性能

制定、分析和响应过程安全测量的主要目的是帮助提高过程安全性能。可以识别过程安全系统中的弱点并采取纠正措施。通过有效执行纠正措施，过程安全绩效将得到改善。SHEQ&S方案的目的是通过关注影响过程安全绩效的指标，提高所有SHEQ&S管理体系的绩效，并在所有组和组织中分配好处。

将SHEQ&S管理体系整合到SHEQ&S方案中应该能够提高每个小组的绩效。由于除了整合工作之外总是有额外的持续改进机会，所以评估的一部分应该确保整合不会无意中导致组织的表现恶化。如果在减少工作人员职责之后出现组织工作人员的减少(后者的收益可能是由于整合努力)，这种情况就可能发生。如果监控、数据采集和分析的结果发现过程安全系统存在重大差距，或者出现新的外部需求(例如新的规定)，那么为弥补这些差距所需的改变可能会使管理SHEQ&S方案的现有工作人员超负荷工作。CCPS参考文献提供了有关改进性能的更多详细信息，如表6-1所示。

6.11 如何及何时传递信息

过程安全措施分析的信息和结果是 SHEQ&S 方案的“输出”。有效沟通的目标是利用这些结果的力量为组织内各级 SHEQ&S 小组做出良好的风险决策。第 6.11 节~第 6.13 节帮助解决这些问题：

① 组织如何最好地确保它理解和使用这些信息作为 SHEQ&S 绩效的指标(第 6.11 节)?

② 组织如何使决策者可以信任基于其决策所得数据的报告方式，有效地将这些信息传达给所有利益相关者(第 6.12 节)?

③ 在短期和长期内，组织如何知道它正在改进(第 6.13 节)?

在回答问题 2 和问题 3 之前，组织必须回答问题 1，根据 SHEQ&S 方案中选择的基于风险的过程安全措施，展示一定的“过程安全能力”；这对回答问题 2 来说是非常重要的。因为在不明白可能产生什么影响的情况下作出决定可能会给组织带来更大的风险。具有足够过程安全能力的组织取决于组织今天在哪里，结合以下三个相互关联的行动：

① 不断提高知识和能力；

② 确保向需要它的人们提供适当的信息——在各个层面上；

③ 始终如一地应用已经学到的东西。

表 6-1 列出了 CCPS 提供的关于如何以及何时进行沟通的更多细节的参考资料。有关可用于帮助识别整个组织中过程安全知识及其使用(或缺失)缺陷指标的其他讨论，请参阅表 6-1 中所示参考文献的讨论和工具。

应该利用管理评论来交流结果。从这些评论中提供的信息中，管理层可以在所有 SHEQ&S 团队中做出有效的决策，并提高过程安全绩效。以下部分描述了一些实施和沟通问题，如果处理不当，可能会对 SHEQ&S 方案的有效性产生不利影响。当报告的过程安全信息被用来做出处理组织风险的决策时，这一点尤为重要。

6.11.1 确保以适当的频率采取和分析措施

无论报告是每月、每季度还是每年，获取和报告数据的频率必须适当。应该立即在组织内分享一些信息，例如超出可报告数量的发布或导致死亡的爆炸。然而，这些数据在短时间内报告(低频率，高结果事件—“黑天鹅”—这是一个滞后的指标)并不是统计学上可靠的。

6.11.2 管理一开始就不容易获得的措施

有些措施可能被列为目前尚未计量的“高风险措施”，因此可能无法轻易获得。例如，可以使用“服务设备故障率”信息，同时关注“过程中”设备可靠性措施。虽然设备可靠性数据是重要的，特别是在用于控制危险材料和能源的设备上，但是如果没有当前的维护监测和跟踪系统来捕获数据，可能需要付出很多努力来获取数据。注意到失败率数据非常重要，计划整合小组应认识到这一措施也是一个“滞后”指标。可能还有其他与设备相关的措施正在采取，这些措施可以作为“领先”指标进行监测和分析，帮助过程单位在设备灾难性故障之前主动处理问题。目前可能有系统正在测量这些领先指标，如 DCS/SCADA 系统(Broadribb 2009)。

6.11.3 长时间酝酿的管理措施

在获得足够的数据进行分析之前，有些措施可能需要很多个月。但是，一旦建立了整合系统，就应该引入需要更长时间的“高风险措施”的信息，以便进行充分的信息和趋势分析。如果在较短时间内需要更长的频率/事件类型的数据跟踪，那么可以使用统计工具，使用 12 个月或 24 个月的数据“滚动”月度数据报告要求。

6.11.4 管理不再被认为有用的现有措施

如果现有措施对帮助提高过程安全绩效的效果被认为不如以前相信的那样有效，那么建议几个月的过渡时间，将“旧的”和“新的”指标汇编并传达给组织，然后从报告系统中删除旧的指标。

6.11.5 管理效率措施

一些措施将被选择，因为这些领域的改进是 SHEQ&S 项目的一部分。通常计算这些措施可能需要特定的数据收集练习和数据分析。如果采购和准备这些措施的成本相对较高，则应慎重选择和使用。另外，所选的效率度量必须有一个比较基准。换句话说，团队管理体系在整合之前的“效率”与实施之后的效率有什么关系？

对于许多效率衡量标准，可以在审计或记录分析过程中收集相关数据。公司可能有一个内部报告周期来帮助协调这些衡量工作。由于为了满足项目整合团队的需要，可能无法改变公司审计日程安排，所以在选择效率措施时也要考虑审计时间表。

6.11.6 管理过度热心的数据采集请求

虽然收集尽可能多的过程安全绩效数据可能会很有吸引力，但是如果报告选择了太多的措施，回报率就会降低。花费在收集指标上的时间过多可能意味着用来确保管理危害/风险的时间变少，并且过程正常运行。用于识别影响过程安全绩效指标的基于风险的方法，旨在帮助优先考虑使用哪些措施，并帮助衡量要报告哪些措施。当然，看起来“更多的数据”有助于做出决定，但是要谨慎对待在整个组织中传达的信息。发布太多的信息可能会混淆观众，而不是帮助通知他们，因此不能用这些信息做出有效的决定(Klein 2009)。

6.12 获取利益相关者反馈

了解利益相关方如何使用信息以及确定 SHEQ&S 方案如何满足利益相关方的需求非常重要。所收集的数据必须是正在使用中，这一点至关重要。公司的描述与信息太多，人们收集了一些从未使用过的数据，只因为“企业需要”。因此，汇总的指标数据越好，上层管理人员就越有可能使用和采取行动，无论是在设施或公司层面。

回顾第 6.4 节中的问题 2：他们是否期望他们相信这些信息以获得有效的回应？

- 报告信息太快，没有充足的时间进行数据分析和动态响应。
- 不够快速的报告信息，妨碍及时的数据分析和动态响应。
- 报告太多或不足的信息，使真正的信息在噪声中丢失或完全漏掉。

SHEQ&S 项目的利益相关者是受整合系统影响和从中受益的人。必须确定并解决他们的需求和关注点，以便有效地减少整个组织的工作量，并帮助提高过程安全绩效。

对于 SHEQ&S 方案，组织中所有级别的员工提供和接收信息，根据这些指标的结果做出决定，不管它们是“被测量的”还是组合的数据。第一个措施是在工艺装置层面获得的，从设施提供给企业团队的综合措施以及向业主、邻居、当地政治家、社区领导和监管机构等外部利益相关者提供的综合指标。客户是那些使用度量结果做出决定的群体。

利益相关者的反馈答案也有助于回答第 6.4 节中的第三个问题：我们衡量的是正确的事情吗？它有帮助吗？重要的是要认识到，业主、SHEQ&S 团体以外的人员以及外部组织都可以要求提供信息。

寻求反馈的两种最常见的方法是书面调查和小组会议。这两种情况都可能需要调查专家来设计问题并进行调查。不依赖于非正式的反馈。通过有意识的设计和良好的执行结构，专业设计的利益相关者反馈调查，从中得到的反馈将对分析有用。

另外，在收集数据时，可以通过这样的问题获得一些反馈信息："你知道我们为什么收集这些信息以及如何使用这些信息吗?"，这个问题的答案可能令人惊讶并可能表明，为什么需要这些数据的初始通信不是有效的，或者那些获取或使用这些信息的人不重视这些努力，可能对他们自己或他们的团体没有什么好处。CCPS 提供了涉及利益相关者外的更多细节的参考(表 6-1)。

6.13　指标交流示例

CCPS 网站上提供了旨在共享组织内不同级别分析结果的过程安全度量表示示例(请参阅第 8 章)。认识到还有其他类型的度量分析和通信方法，这些示例作为想法来考虑、编辑和使用。通过衡量正确指标的质量分析将为决策者提供值得信赖的信息。

对于已确定的良好过程安全绩效测量标准的组织来说，这些方法可通过使用过程安全指标的类型和分析方法的最新进展，提供一些想法来加强现有的流程。为了将分析信息传达给不同的受众，这些示例将提供一些在其他组织中有效的方法。

表 6-1 列出了 CCPS 提供的关于度量指标分析和交流示例的更多详细信息。这些参考文献包括一些示例演示文稿，它们是为了将度量数据传达给其他团队而提供的，旨在"说出他们的语言"。在设计每个级别的交流时，在工艺装置层面的记录和分析，要比向公司层面报告和分析具有更多的度量指标。这是通过整合的管理体系的设计来完成的，将工艺装置层面的测量结合在一起，形成设施层面的报告，并将设施层面的措施汇总到提交给公司层面的报告中。

7　实施 SHEQ&S 方案的变更

本指南的前五章主要关注 SHEQ&S 项目生命周期中的规划和应用阶段。第 6 章讨论了检查阶段，即系统落实到位，以监测和评估 SHEQ&S 项目的绩效。本章结合 SHEQ&S 系统完成“计划，执行，检查，行动”(PDCA)方法：根据变更行动和实施变更。行动阶段，或“行动”阶段，如图 7-1 所示。持续改进是任何质量管理体系所固有的，因为对过去的借鉴和对当下的借鉴相结合，并在明日实施变革以取得更好的绩效成果的这一过程总会发生。

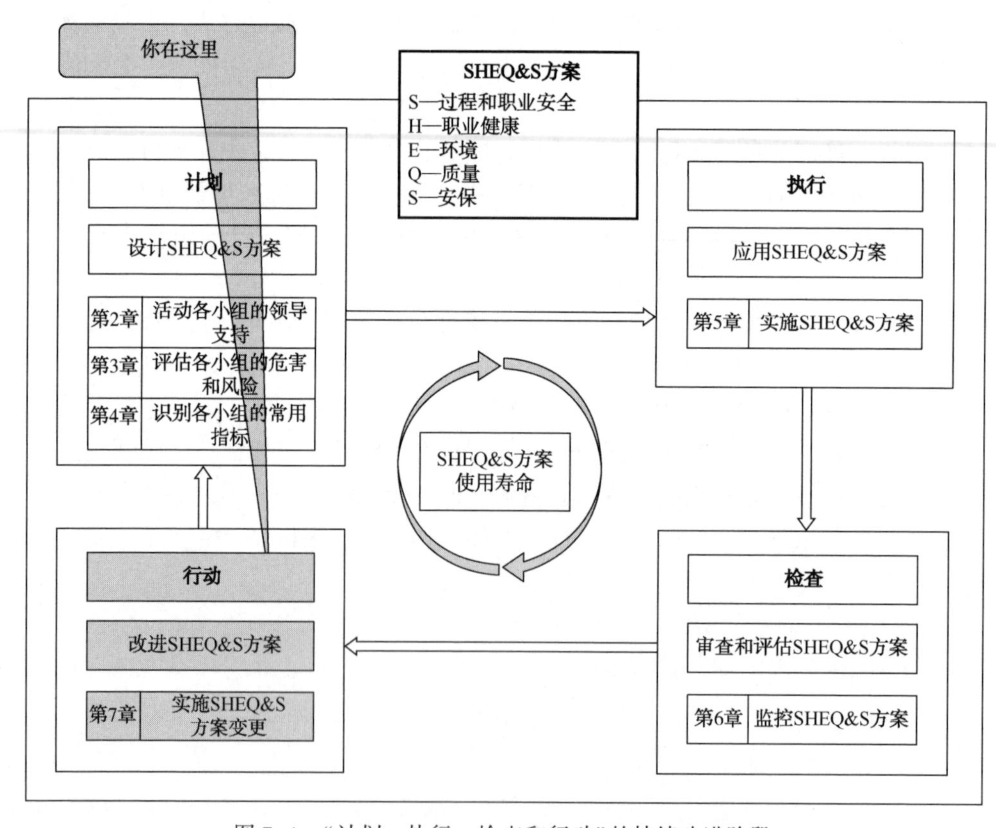

图 7-1　“计划、执行、检查和行动”的持续改进阶段

7.1 持续改进的必要性

持续改进对于 SHEQ&S 项目的发展至关重要。通过有效的变更管理流程，可以实现安全、快速、高效的持续改进。这些持续改进工作包括改进系统当前的管理实践，用新的责任或实践来解决新问题，并通过充分利用或移除特定任务来减少责任。变更管理流程审查提议的修改，以了解变更的基础和目标，帮助防止引入新的危害和风险，或帮助防止可能危及现有管理流程的变更。正如第 6 章所指出的那样，持续的监测和评估将确定当前和预期系统性能之间的差距。这些差距或“不一致”通过对现有系统进行更改的纠正措施得到解决。此外，正在进行的管理评审和审核有助于确保系统性能不会随着时间的推移而降低。

7.2 确保管理责任

管理层最终负责确定任何活动的目标。鉴于“人与环境的安全，健康与福祉”是组织的核心价值，可以正式设立一些附加目标，如“被公认为本行业安全、健康和环境绩效的领先者”或“遵守所有适用的法规和行业标准”。因此，管理责任的一部分是启动任何需要使性能目标达标的变更。

管理层还负责确保满足每个利益相关者(“客户”)的需求，工艺装置层面的管理层必须解决通过过程安全度量数据分析确定的缺陷，设施层面的管理层将处理过程安全系统缺陷的基础上汇总的指标和设施系统指标。在公司层面的管理将需要解决综合设施的过程安全系统指标，以及其公司的过程安全系统指标。

7.3 解决不合规问题

应该有一个解决和纠正已查明的不合规和系统性差距的流程。本节讨论了解决不合规是如何成为质量管理体系的一个方面，不同类型的不合规，产生纠正措施的变更驱动因素(包括识别不符合的审查)以及如何建立程序，有效地管理需要解决不合规的变化。与过程安全系统“变更管理”要素相关的驱动程序和纠正措施在下面的第 7.3.3 节和第 7.3.4 节中进行了简要描述，详细参考文献见 CCPS 2007b，CCPS 2008，CCPS 2010，CCPS 2013。

7.3.1 不合规评估是质量管理体系的一个方面

解决不合规是质量管理体系不断改进的关键之一。在有效设计和实施SHEQ&S方案的背景下，这些方面包括：

管理责任——要求每个SHEQ&S团队的管理体系由管理人员监督，并且在企业和设施层面的每个过程安全体系都由专人监督。此人负责启动和跟踪，直到完成其系统内的任何改进机会(即由对不合规的回应所产生的机会)。

人员(培训)——确保每个人都知道系统应该如何工作，知道如何在系统无法正常工作时进行识别，并为他们提供工具或系统来识别和纠正任何潜在的问题。过程安全调查的重点在于识别和理解未能达到预期或偏离预期结果(即不合规)的“根本原因”。

产品验证——需要检查和测试程序来确认或验证“产品”符合预期，规格或目标。整合工作中有两个“产品”：①实施团队将独立的SHEQ&S管理体系整合到一个系统中的工作经历；②管理和控制危险材料和能源的指标及其相关系统的预期性能。验证失败时，确定不合规。

审计——质量体系确保定期审查系统性能，确定缺陷，并制定，批准和追踪解决缺陷的纠正措施，直至关闭。管理评审比审计更频繁。审计和审查都可以识别不合规情况。

统计方法的使用——要求分析所测量的系统性能，以确定优势和劣势。强大系统的优势可以作为改进的模型；较弱系统的缺陷将需要改进。统计数据分析提供了值得信赖的不合规信息分析，人们可以从中做出有效的决策。

不合规评估——确保任何不合规(即偏差或失败)的根本原因被识别和纠正，纠正措施被创建、批准、记录和跟踪，直到关闭。测试和检查已经定义了用于验证“产品”符合预期的规格和容差。

除了上面提到的质量管理体系外，SHEQ&S方案还必须解决合规问题，以证明符合法规和标准。第6章中描述的定期管理评审和审计有助于确定此类不合规问题，并优先采取纠正措施，以便及时解决。通过SHEQ&S方案，可以快速评估所有这些新的外部需求，以便将潜在的变化调整到其他管理体系。

7.3.2 不合规的不同类型

不同类型的不合规或缺陷表示在一定的公差范围内无法满足规范或目标的要求，不符合相关标准或行业准则，或者管理体系内的工作流程中断。SHEQ&S方案将受到组织各级确定的差距的影响。根据不合规标识的组织级别，不同的人员需要对不合规的标准做出响应。工艺装置层面的人员解决了通过过程安全度量标准数据分析确定的缺陷。设施层面的人员根据总量度量和设施系统度量标准来解决过程安全系统的缺陷。企业层面的人员需要解决总体设施的过程安全系统指标以及企业过程安全系统指标方面的不足。

7.3.3 不合规在推动变革中的作用

不合规对于处理有害物质和能源的过程以及为管理危害和风险而设计的系统起着推动作用。其他危险和非危险过程变更的驱动因素包括：

- 新技术或操作方法。
- 现有工艺设备的新技术。
- 新的人员配置或组织变化(包括人员替代和岗位增加/删减)。
- 针对管理审查和审计中发现的问题所采取的整改行动，优先考虑规章符合性相关的问题和安全性能问题。
- 针对事故根源调查而采取的整改行动，包括内部或外部分享事件。
- 针对更新的危害和风险评估而采取的行动。
- 针对特定的公差或准则失效的设备测试和检查而采取的纠正措施。
- 新的规定或行业标准。
- 保险和资本增加。
- 修改吞吐量，提高效率或产品质量的内部压力。
- 降低组织成本的内部压力。

这些变化的范围包括从化学品、技术、设备或程序的轻微变化到大型设施扩建或新建设施。小的变化可以被指定为临时的或永久的。如果人员配置变化导致员工数量不足或员工技能训练不足，可能会严重影响过程安全绩效。人员不足不可运行，维护或支持满负荷的过程安全系统。

由于每个 SHEQ&S 项目中的每一个变革驱动因素都可能对每一个团队产生一定影响，因此一个整合系统将能够在一个团队中进行变更，并有效地管理所有 SHEQ&S 群组变更的影响。SHEQ&S 项目变更管理流程可确保对一个管理体系的变更在其他受影响的组织之间进行有效沟通和利用。

7.3.4 整改行动的管理程序

需要一个流程来管理由不合规产生的纠正措施。持续改进的主要来源是计划的指标测量、管理评审和审计的纠正措施。当事件调查发现系统性根源时，管理体系也会发生变化。在 SHEQ&S 方案中，设计和实施纠正措施的实际过程可以由拥有正在进行变更的相关程序、要素和管理过程的人员共享。

过程安全系统设计用于管理变更，变更管理(MOQ 要素)，提供有效管理纠正措施的过程，纠正措施(和后续措施)在实施前经过审核和授权。作为变革实施步骤的一部分，在变革实施之前进行正式的“预启动”审查。变革过程的管理确定谁需要被告知或接受变革的培训，确定需要传达的信息(范围从简单的意识到基于技能的培训)，并帮助确定变革的时机，特别是变更要素与其他过程安全系统的接口管理，这些系统的主要接口(CCPS 2007a，CCPS 2010)为：

- 工艺知识管理；
- 危害识别和风险分析；
- 操作程序；
- 安全工作实践；
- 资产完整性和可靠性；
- 培训和绩效保证；
- 操作准备。

这些界面与第 5 章中描述的许多质量体系分组相对应。因此，变更管理体系涉及许多 SHEQ&S 方案设计中包含的质量体系组分。

由于变更管理程序是管理过程安全的一个组成部分，用于识别、审查和批准过程设备，操作和维护程序，原材料或加工条件的所有变更，它将解决可能影响设备的变更生命周期等问题。第 5 章也描述了管理设备生命周期变化的环节。通过设计和使用 SHEQ&S 项目中的“变更管理”流程，SHEQ&S 团队可以有效利用影响过程风险和风险的变化，从而帮助维持组织的过程安全绩效。

7.4 使用统计方法

SHEQ&S 方案过程安全绩效的统计分析为持续改进工作提供了强有力的技术手段。当管理层使用统计工具监测和检测趋势时，可靠的结果可以为决策者提供制定和实施有效改变以提高过程安全绩效所需的信息。

8 行业示例

尽管本指南中章节的设计侧重于选择、监控和响应有助于提高过程安全绩效的指标，但随着时间的推移，组织中的每个人都将明显受益：公司在没有意外的人员伤害和环境损害的情况下继续经营，保持操作的连续性。SHEQ&S 团队选择的基于风险的过程安全绩效指标已经被适当地优先排序、选择、监控、分析并采取行动。因此，有效实施 SHEQ&S 方案将有助于公司有效管理其整体运营风险。

本章提供的示例：

① 帮助回答问题：我们得到了我们想要的结果吗？

② 提供沟通方法，确保上述问题得到有效解决。

每个 SHEQ&S 小组的结果都包括改进的程序、简化的审核以及遵守当地和政府的规定。相关的企业效益包括尽量减少组织内各级员工的负担，降低运营和维护成本，提高运营和维护的可靠性，满足内部和外部客户的需求，提高公司整体效率。图 8-1 描述了 SHEQ&S 团队和整个公司降低运营风险的结果和收益。因此，组织内部各个部门的管理体系能够更有效地帮助公司各级员工实现其目标。一旦整合管理体系的程序得以实施，SHEQ&S 方案的愿景就会实现。

正如第 2 章所讨论的，基于 SHEQ&S 团队有效的资源配置，扩大了一般风险等式和一般风险矩阵，从而考虑了公司整体运营风险。当公司降低过程安全事件的频率和潜在后果，优化资源，领导层推动组织的过程安全文化，灌输各个层面的操作和操作纪律时，公司将减少其整体操作风险(CCPS 2011)。SHEQ&S 团队的“最佳资源分配”如图 8-2 所示，对人员、设备和系统资源进行了优化。公司对资源不太放开，也不太保守，则分配是正确的。

8.1 案例研究

案例研究可以访问 CCPS 网站：

http://www.aiche.org/ccps/publications/metrics-tools

SHEQ&S方案

现有的，但单独的正式/非正式管理体系 → 确定影响过程安全绩效的常用指标

		结果					好处			
		改进程序	可靠性	节约成本	流线型审计	合规性	SHE&S 人员负荷最小化	操作可靠性	客户满意度	有效操作
S	过程安全	✓	✓	✓	✓	✓	✓	✓	✓	✓
H 或 "S&H"	职业安全	✓			✓	✓	✓			
	健康	✓			✓	✓	✓			
E	环境	✓			✓	✓	✓			
Q	质量	✓			✓		✓	✓	✓	
S	安保	✓			✓	✓	✓			
O	其他系统	✓			✓		✓			
C	业务/财务；操作；维护；工程；人力资源；行政；信息；技术等	✓	✓	✓	✓	✓	✓	✓	✓	✓

图 8-1　组织内每个人有效实施 SHEQ&S 方案的结果和好处

8.2　方案示例

有关实施的 SHEQ&S 方案的示例，可以访问 CCPS 网站：

http://www.aiche.org/ccps/publications/metrics-tools

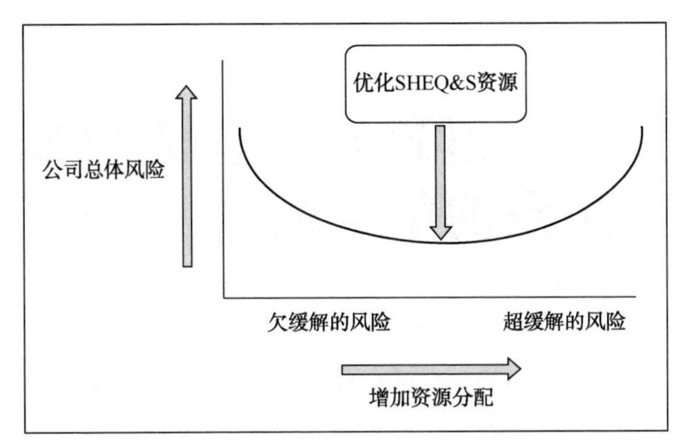

图 8-2 公司总体风险显示使用
SHEQ&S 方案时的最低风险：优化 SHEQ&S 资源

8.3 整合审计系统的示例

附录 F 提供了一个 SHEQ&S 管理体系的审计工具示例："SHEQ&S 管理体系映射调查"。

附录 F 中问题的前提是：

通过了解和加强现有的管理体系，成功地减少对 SHEQ&S 团体的工作需求，而不是创造新的工作流程。

SHEQ&S 体系映射调查中提出的问题，主要集中在各 SHEQ&S 小组用于管理组织运营风险的体系上。由于全球性组织在不同的司法管辖区和法规下都有设施，因此其企业标准和指导方针必须以绩效为基础，允许每个设施制定所述的设施特定的标准和指导方针。

有关整合的审计体系的其他示例，可以访问 CCPS 网站：

http://www.aiche.org/ccps/publications/metrics-tools

附录 A　全球过程安全立法和 SHEQ&S 组织的参考清单

本附录列出了出版时的部分全球过程安全立法和 SHEQ&S 组织。请参阅：

表 A-1　美国法规

表 A-2　国际法规

表 A-3　自发行业标准

表 A-4　一致准则

表 A-5　致力于过程安全的组织

表 A-1　美国法规

过程安全	PSM——美国 OSHA 过程安全管理标准	高危化学品的过程安全管理(29 CFR 1910.119)，美国职业安全与健康管理局，1992 年 5 月。www.osha.gov
	RMP——美国环保署风险管理计划条例	意外泄漏预防要求："清洁空气法"下的风险管理程序第 112(r)(7)条，40 CFR Part 68，U.S。环境保护局，1996 年 6 月 20 日美联储登记，第 61 卷（31667-31730）。www.epa.gov
	NEP——美国 OSHA PSM 涵盖化学设施国家重点计划	PSM 涵盖的化学设施国家重点计划，OSHA 通告，09-06(CPL 02)，美国。职业安全与卫生管理局，2009 年 7 月。www.osha.gov
	NEP——美国职业安全及健康管理局炼油工艺安全管理国家重点项目	炼油厂过程安全管理国家重点项目，OSHA 公告，CPL 03-00-010，美国 职业安全与健康管理局，2009 年 8 月。www.osha.gov
	美国 OSHA 易燃和可燃液体标准	易燃和可燃液体，职业安全和健康标准(29 CFR 1910.106)，美国。职业安全与健康管理局。www.osha.gov
	美国 DOT PHMSA(管道和危险材料安全管理局)	运输部(DOT)-管道和危险材料安全管理局(PHMSA)。http://www.phmsa.dot.gov/(2013 年 9 月 19 日刊登)
	SEMS-BSEE 海上设施安全和环境管理体系	美国安全与环境执法局(BSEE)，http://www.bsee.gov/Regulations-and-Guidance/Safety-and-Environmental-Management-Systems—SEMS/Safety-and-Environmental-Management-Systems—SEMS.aspx (2013 年 9 月 13 日刊登)

续表

过程安全	加州意外泄漏预防计划	加州意外泄漏预防(CalARP)计划，CCR 标题 19，第 2 部分，应急服务办公室，第 4.5 章，2004 年 6 月 28 日。www.oes.ca.gov
	Contra Costa 县工业安全条例	Contra Costa 县工业安全条例。www.co.contra-costa. ca. us
	特拉华州极有害物质风险管理法案	特拉华州自然资源和环境控制部门“极端有害物质风险管理法案”1201 号“意外泄漏预防条例”，2006 年 3 月 11 日。www.dnrec.delaware.gov
	内华达州化学事故预防计划	化学事故预防计划(CAPP)，内华达环境保护部，NRS 459.380，2005 年 2 月 15 日。http://ndep.nv.gov/bapc/capp/capp.html
	新泽西州有毒巨灾预防法案	美国新泽西州环境保护局化学物质释放信息与预防部，“有毒巨灾预防法”(TCPA)，新泽西州，7：31 合并规则文件，2006 年 4 月 17 日。www.nj.gov/dep
环境	EPA SARA 标题 Ⅲ——美国环保局超级基金	美国环境保护署(EPA)，超级基金修正案和再授权法案(SARA) http://www.epa.gov/superfund/policy/sara.htm(2013 年 9 月 19 日刊登)
	NPFC——美国海岸警卫队国家污染基金中心	美国海岸警卫队国家污染基金中心(NPFC)，http://www.uscg.mil/npfc/laws_and_regulations.asp(2013 年 9 月 19 日刊登)
安全	DHS——国土安全部-设施漏洞评估(分层)	DHS 化学安全，http://www.dhs.gov/topic/chemical-security(2013 年 9 月 19 日访问)和 https://www.dhs.gov/关键基础设施 脆弱性评估(2013 年 9 月 19 日刊登)
	国土安全部・美国海岸警卫队	美国海岸警卫队，国土安全部，http://www.uscg.mil/(2013 年 9 月 19 日刊登)

表 A-2　国际法规

澳大利亚 澳大利亚控制重大危险设施的国家标准	澳大利亚主要危险设施控制国家标准，NOHSC：1014，2002。www.docep.wa.gov.au/
加拿大 加拿大环境保护局，环境应急计划	环境紧急条例(SOR/2003-307)，200 节，加拿大环境。www.ec/gc.ca/CEPARegistry/regulations
中国 中国“危险化学品安全管理条例”	危险化学品安全管理条例；2011 年 12 月 1 日生效
中国 过程安全管理指南	过程安全管理指南，AQ/T 3034—2010；2011 年 5 月 1 日生效

续表

欧洲 欧盟委员会 SevesoⅡ指令(注：Seveso Ⅲ预定于 2015 年)	控制涉及危险物质的重大事故，欧盟指令 SevesoⅡ(96/82/EC)。http://ec.europa.eu/environment/seveso/legislation.htm
欧洲 欧盟委员会 REACH	化学品注册，评估，授权和限制。http://ec.europa.eu/enterprise/sectors/chemicals/reach/index_en.htm。自 2007 年 6 月 1 日起生效。
法国 内政部 Orsec	Orsec(组织 de la reponse de Securite civile)。 翻译：民事保护响应组织。 http://www.interieur.gouv.fr/Actualites/Dossiers/Le-plan-Orsec-a-60-ans.
日本	高压气体安全法案 见日本高压气体安全研究所的讨论：https://www.khk.or.jp/english/fag.html
韩国 韩国职业安全健康局，过程安全管理	韩国职业安全卫生署，《工业安全与健康法》第 20 条，《安全与健康管理条例》的制定。韩国环境部，"危险化学品管理框架计划"，2001—2005 年。http://english.kosha.or.kr/main
马来西亚 马来西亚人力资源部职业安全与卫生司	马来西亚职业安全与卫生司(DOSH)马来西亚人力资源部，第 514 号法令第 16 条。http://www.dosh.gov.my/doshV2/
挪威 海上	参见(Khorsandi 2011)
新加坡 新加坡标准委员会 SS 506：第 3 部分：2013	职业安全与健康(OSH)管理体系　第三部分：化学工业要求 http://www.mom.gov.sg/workplace-safety-health/safety-health-management-systems/Pages/default.aspx
英国 海上	参见(Khorsandi 2011)
英国 健康和安全执行 COMAH 条例	重大事故危害管理条例(COMAH)，英国健康与安全执行局(HSE)，1999 年和 2005 年。www.hse.gov.uk/comah/

表 A-3 组织和自愿行业标准

ACC——美国化学理事会责任关怀©-管理体系	美国化学理事会，1300 Wilson Blvd.，Arlington，VA 22209. http://responsiblecare.americanchemistry.com/Responsible-Care-Program-Elements/Management-System-and-Certification(2013年9月18日刊登)
ACC——美国化学理事会责任关怀©-安全规范	ACC 2013 http://responsiblecare. americanchemistry. com/Responsible - Care - Program - Elements/Responsible - Care - Security-Code(2013年9月18日刊登)
ACC——美国化学理事会责任关怀©-过程安全规范	ACC 2013 http://responsiblecare. americanchemistry. com/Responsible - Care - Program - Elements/Process - Safety - Code(2013年9月18日刊登)
ACC——美国化学理事会责任关怀©-绩效度量标准	ACC 2013 http://responsiblecare.americanchemistry.com/Responsible - Care - Program - Elements/Performance - Measures - and - Reportina-Guidance(2013年9月18日刊登)
API——美国石油学会-推荐做法	美国石油学会，华盛顿特区西南1220街，20005。www.api.org(2013年9月18日刊登)
CIAC责任关怀® 加拿大化学工业协会	责任关怀® http://www.canadianchemistry.ca/responsible_care/index.php/en/responsible-care-history(2014年3月9日刊登)
ISO 9000——国际标准组织 质量管理系列	ISO质量管理系列，http://www.iso.org/iso/home/standards/management-standards/iso_9000.htm(2013年9月20日刊登) **包括下列内容：** ISO 9001:2008　质量管理体系要求 ISO 9000:2005　基本概念和语言 ISO 9004:2009　提高质量管理体系的效率和效力 ISO 19011:2011　内部和外部质量管理体系审核指导
ISO 14000——国际标准组织 环境管理系列	ISO质量管理系列 http://www.iso.org/iso/home/standards/management-standards/iso 14000.htm(2013年9月20日刊登) **包括下列内容：** ISO 14000：2004　环境管理体系要 ISO 14004：2004　环境管理体系原则，体系和支持技术指南； ISO 14064-1：2006　温室气体 第一部分：组织层面的指导 ISO 14006：2011　环境管理体系的指导方针，包括生态设计

续表

ISO 26000 国际标准组织	http://www.iso.org/sites/iso26000launch/documents.html(2014年4月8日刊登)
社会责任	包括涉及利益相关者参与和投入(第5条)及环境(第6条)
OHSAS 18000/18001/18002 职业安全和健康评估系列	OHSAS http://www.ohsas-18QQ1-occupational-health-and-safety.com/index.htm(2013年9月20日刊登) **包括这些标准:** BS8800: 1996 职业安全健康管理体系指南 DNV 职业安全健康管理体系认证(OHSMS)标准: 1997 技术报告 NPR 5001: 1997 职业安全与健康管理体系指南 LRQA SMS 8800 健康和安全管理体系评估标准草案 SGS 和 ISMOL ISA 2000: 1997 安全和健康管理体系要求 BVQI SafetyCert: 职业安全与健康管理标准 AS/NZ 4801 职业安全与健康管理体系及使用指南草案 BSI PAS 088 职业安全与健康管理体系 UNE 81900 预防职业风险的预先标准草案 NSAI SR 320 职业安全与健康(OH 和 S)管理体系建议草案

表 A-4 一致性规范

ANSI——美国国家标准协会	美国国家标准协会，纽约，25 West 43rd Street。www.ansi.org
API——美国石油学会	美国石油学会，1220 L 大街，NW，华盛顿特区，20005。www.api.org
ASME——美国机械工程师协会	美国机械工程师协会，纽约第三公园大道。www.asme.org
ISEE——仪表、系统和自动化协会/国际电工委员会	仪表、系统和自动化协会，67 亚历山大大道。研究 Trianale 公园。NC 27709。www.isa.org
NFPA——美国消防协会	美国国家消防协会，马萨诸塞州昆西市 Batterymarch 公园 1 号，023169。www.nfpa.org

表 A-5 致力于过程安全的组织

AFPM 美国燃料和石油制造商	htto://www.afpm.org/(2014年3月9日刊登) 推进过程安全计划 http://www.afpm.org/Safety-Programs/ http://www.afpm.org/Advancing-Prxess-Safety-Programs/(2014年3月9日刊登)

续表

API 美国石油学会	美国石油学会，1220 L 街，NW，华盛顿特区，20005。www.api.org
CCPS 化学过程安全中心 基于风险的过程安全	基于风险的过程安全指南，AiChE 和 John Wiley&Sons，2007。 https://www.aiche.org/ccps(2014 年 3 月 9 日刊登)
Cefic—欧洲化学工业委员会责任关怀©	欧洲化学工业委员会(Cefic)，E. van Nieuwenhuvse 大街 4 号，B-1160 布鲁塞尔，www.cefic.org(2013 年 9 月 18 日访问)
EMAS-European Union (EU) EcoManagement and Audit Scheme	The EU EcoManagement and Audit Scheme (EMAS) is a management instrument developed by the European Commission for companies and other organisations to evaluate, report, and improve their environmental performance. http://ec.europa.eu/environment/emas/(accessed 18-September-2013)
ILO 国际劳工组织	重大工业事故预防 http://www.ilo.orq/cjlobal/publications/ilo-bookstore/order-online/booksAA/CMS_PUBL 9221071014_EN/lana-en/index.htm(2014 年 3 月 9 日刊登)
OECD 经济合作与发展组织(经合组织)	http://www.oecd.ora/(accessed 09-Mar-2014) 装置和化学品的风险管理 http://www.oecd.ora/chemicalsafetv/risk - management/(2014 年 3 月 9 日刊登)
PSAP MIT 系统安全方法合作组织(PSAP)	http://psas.scripts.mit.edu/home/(2014 年 4 月 7 日刊登) 管理风险时认识复杂性的跨学科工作。适用于过程安全风险降低，可促进过程安全绩效的改善

附录 B　过程安全度量的最新进展

本附录提供了简要概述和相关度量标准的具体参考资料，详细说明了识别和选择影响过程安全性能度量标准的最新进展。以下讨论基于表 B-1 中列出的参考文献。

表 B-1　过程安全度量的最新进展

API	2010	美国石油学会(API)，炼油和石化工业过程安全绩效指标，RP 754 第 1 版，2010 年 4 月
Azizi	2013	Azizi，W，“过程安全：如何测量?”，化学工程师(tee)，化学工程师协会(IChemE)，英国沃里克郡拉格比，CV21，3HQ，2013 年 8 月，31-34。www.tcetoday.com（刊登日期：2013 年 9 月 16 日）
CCPS	1996	化学过程安全中心(CCPS)，过程安全管理、环境 & 健康和质量整合指南，AlChE，纽约，1996 年(注：本指南是 1996 年版本的更新)
CCPS	2007	化学过程安全中心（CCPS)，基于风险的过程安全，AlChE 和 John Wiley&Sons 公司，美国新泽西州霍博肯城，2007 年
CCPS	2010	化学过程安全中心（CCPS)，过程安全度量指南，AlChE 和 John Wiley&Sons 公司，美国新泽西州霍博肯城，2010 年
CCPS	2011	化学过程安全中心(CCPS)，过程安全领先和滞后指标，修订日期：2011 年 1 月(CCPS 2011b)
CCPS	2011	化学过程安全中心(CCPS)，操作行为和操作纪律，AlChE 和 John Wiley&Sons 公司，美国新泽西州霍博肯城，2011 年(CCPS 2011c)
CCPS	2012	化学过程安全中心(CCPS)，识别灾难性事件警告标志，AlChE 和 John Wiley&Sons 公司，美国新泽西州霍博肯城，2012 年
CEFIC	2011	CEFIC，“过程安全绩效指标指南”，第二版，2011 年 5 月
Hopkins	2009	Hopkins，A.，“关于过程安全指标的思考”，安全科学，Elsevier，47(2009)460-465

续表

HSE	2006	健康和安全执行(HSE),制定过程安全指标,化学和重大危险行业的分步指南,HSG 254,2006
ISO	2008	国际标准化组织,管理体系标准的综合使用,2008年第1版。http://www.iso.org/iso/home/store/publications_and_e-products/publicationJtem.htm? pid=PUB100068(2013年9月20日刊登)
Klein	2011	Klein,J.A.和B.K.Vaughen,"实施操作规程计划以改进工厂过程安全",AlChE化学工程进展(CEP),2011年6月,第48~52页
OECD	2008	经济合作与发展组织(OECD),"关于制定化学事故预防、准备和响应相关安全绩效指标的指导",巴黎,2008年
OGP	2011	国际石油和天然气生产者协会(OGP),过程安全-关键绩效指标的推荐做法,第456号报告,2011年11月
Overton	2008	Overton,T.和S.Berger,"过程安全:你如何做?"化学工程进展(CEP),AlChE,2008年5月,第40~43页
Pilkington	2013	Pilkington,G.,"超越靴子和护目镜",化学工程师(tee),化学工程师协会(IChemE),英国沃里克郡拉格比市,CV21,3HQ,2013年8月,第37~38页。www.tcetoday.com (2013年9月16日刊登)
Vaughen	2012	Vaughen,B.K.和J.A.Klein,"你不能管理的东西会泄漏:致敬Trevor Kletz",过程安全与环境保护(PSEP),第90卷,第5号,2012年9月,第411~418页

图B-1传达的图像可以帮助组织识别和选择影响过程安全绩效的适当度量标准,具体描述如下:

- 企业或公司层面的指标——适用于所有设施

企业度量标准反映了公司政策在设施中的落实情况。

- 设施层面指标——适用于所有工艺装置

设施层面指标反映了设施的政策在整个现场中的使用情况。

- 工艺装置层面的指标——适用于所有生产单位

专门用于监控过程安全绩效的工艺装置度量标准反映了设施如何管理整个现场的过程安全系统。

可以选择和监控这些度量标准中的每一个,以帮助确保组织的运营风险符合ALARP(最低合理可行)标准(Baybutt,2014),确保过程安全系统(过程安全管理计划的支柱和相关要素)已经实施并正在保持(CCPS 2007a,Sepeda 2010)。

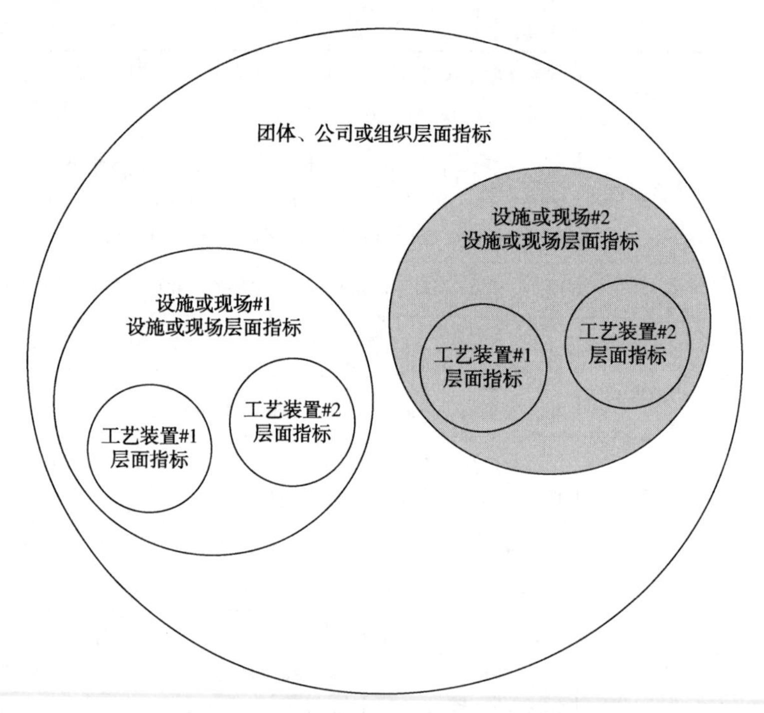

图 B-1　识别和选择适当的过程安全度量标准

选择用于监控过程安全绩效的度量标准必须由希望监控和响应的组织层面来控制。因此，有一些生产单位特定的度量标准，例如暴露在腐蚀性条件下的反应器壁厚的实际损失，这可能不适合在企业层面进行跟踪。对于该度量标准的示例，一个有用的设施度量标准可能涉及进行适当的无损检测(NDT)和检验活动，这是反应器预防性维护(PM)计划的一部分。设施通过选择经认证的检验员来确保检验质量(事先)。有用的公司度量标准可以确定设施的 PM 是否按照要求的 PM 计划来执行。而且，如果达不到 NDT 检验标准(即反应器壁厚太薄)，生产单位的运营人员就可以通过资本项目更换反应器来应对 NDT 的失效。

度量类型之间也有区别。“领先指标”和“滞后指标”可帮助确定能够使用的度量类型。领先指标反映了为保持安全可靠的运营，公司和监管机构所期望的工艺装置和设施的活动。这些活动是积极指标，反映了为安全和可靠的运营而设计的过程安全系统的实施。滞后指标反映了一个组织没有充分设计或实施过程安全方案的部分或全部基本要素所导致的后果。

例如，设施可以监测日程表上的 PHA 数量，领先指标监测 PHA 团队的章程，包括 PHA 团队会议开始前的准备时间(例如，几周前)，而滞后指标可能包括(从调度角度)因缺乏危害认识以及对这些危害和风险的适当评估而导致的过期PHA和事件的数量(从PHA执行角度)。注意，滞后指标包括遏制损失(溢出)事件，这些事件可能或者不会导致有毒物质泄漏、火灾和爆炸，造成人员伤亡和环境危害。

关于选择和响应影响过程安全绩效的度量指标的最新见解，可以用图B-2所示的图表来表示，其中领先指标和滞后指标之间的“模糊”范围被描绘成一个连续体，而不是一个谨慎的中断。图片基于最新的刊物和文章，它们使用了屏障方

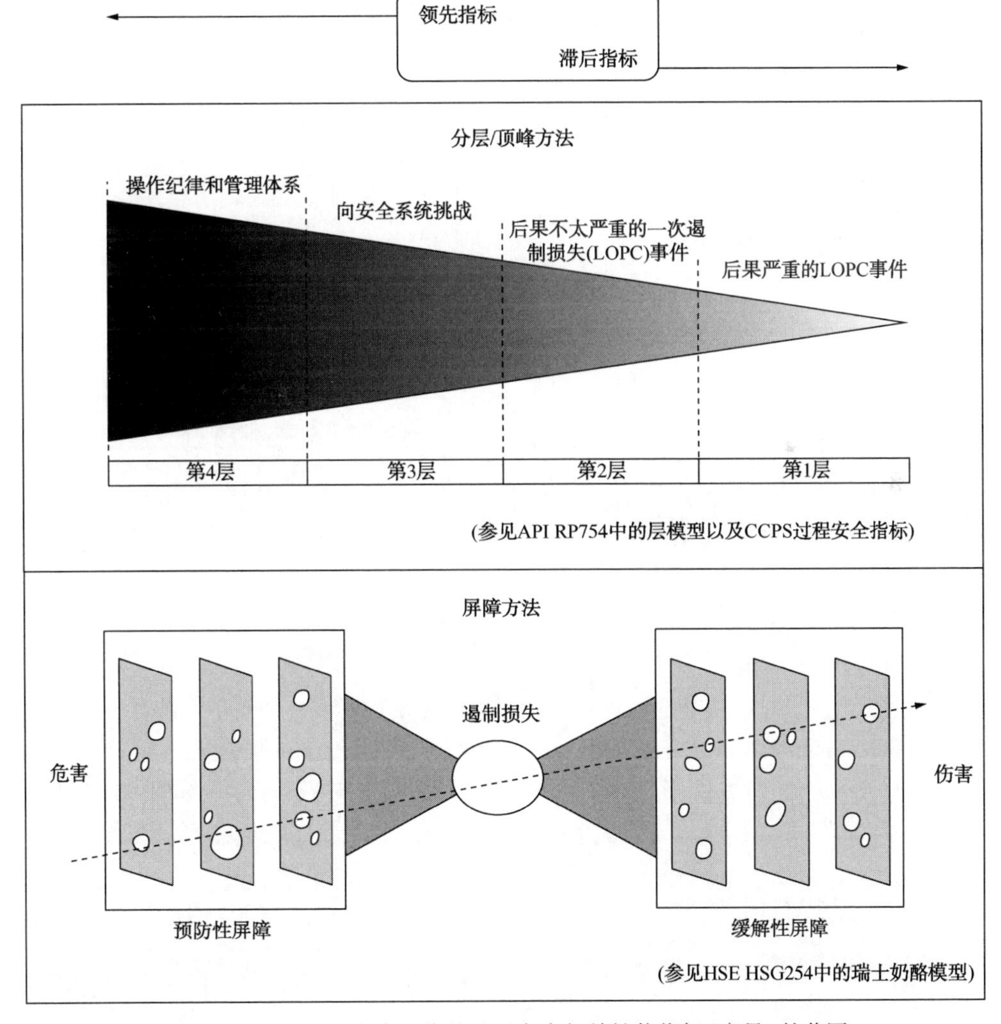

图B-2　监控过程安全系统的过程安全相关性能指标(度量)的范围

法或分层/顶峰方法，最好的方法包括了解和监控各个小组的个人和组织运作纪律(见表 B-1 中的参考文献)。最好的方法将有形的、易于测量的技术指标和与软性的、难以测量的管理体系和行为指标结合在一起。注意，这些方法是“事件驱动”方法，它们首先确定了帮助降低整体运营风险(基于最坏情况事件)的基本屏障或保护层，然后确定每个屏障中有哪些领先和滞后指标需要监测和跟踪。关于事件驱动/屏障方法的补充讨论将在第 3 章中采用领结图讨论加以描述。

附录 C　描述获取支持的必要性的潜在答案

本附录列出了利益相关者对第 2 章第 2.1 节中提出的问题的潜在答案。这些答案可以帮助大家了解 SHEQ&S 方案如何成为组织的整体管理体系的一部分，并最终成为组织的正常工作流程的一部分。这些问题的答案如下：

- 谁从 SHEQ&S 方案中受益？

  答复："每个人都从 SHEQ&S 项目中获益"，从工艺装置层面到高层管理层面，以及公司外部人员，如居住在周边社区或者依赖于公司合规性的那些人员。

- SHEQ&S 方案有什么好处？

  答复："SHEQ&S 方案的好处包括为管理过程安全的每个人减少工作，部分帮助维持公司的生存。"尽管组织努力以正确的方式做事，更不用说有多种方式，从工艺装置层到高级管理层的每个人员都从有效整合的管理体系中受益。

- 最后的 SHEQ&S 方案将是什么样的？

  答复："这是一个提供 SHEQ&S 项目远景和目标的初步计划，最终的方案需要由方案整合团队来制定。"请参考第 2.3 节图 2-5，了解可以定制和使用的图像，其中显示了现有管理体系如何整合到 SHEQ&S 方案中。

- SHEQ&S 方案如何与当前系统不同？

  答复：SHEQ&S 方案不会取代现有的 SHEQ&S 管理体系。它将利用现有的管理体系，通过使用影响过程安全绩效的通用指标消除各个小组之间的重复工作。

- 如何实现这个变革？

  答复："变革将通过组织中每个人都支持的团队努力来实现。"关于如何实现变革的方法是第 2 章的主题。

附录 D 设计和实施 SHEQ&S 方案的详细案例研究

SHEQ&S 项目案例

本附录阐述了过程安全事件的各个方面，旨在为 SHEQ&S 方案提供案例，以整合不同的 SHEQ&S 管理体系。本案例的研究大纲如下：

① 工艺装置过程的场景和描述；

② 两个不利影响：第 1 部分：对运营的直接影响；

③ 两个不利影响：第 2 部分：对操作风险的延迟影响；

④ 对 SHEQ&S 项目案例的进一步反映。

希望这个场景的某些方面可以帮助读者反思自己的经验，从而加强对有效的 SHEO&S 方案的需求。

D-1 工艺装置流程的场景和描述

事故案例研究发生在经济市场崩溃期间的易燃单体聚合工艺装置。随着市场崩溃，客户停止订购聚合物。缺乏销售导致利润下滑，公司通过削减生产来应对，大幅削减各个小组的预算。公司认识到，这些削减虽然不能维持企业的生命，但增加了工艺装置承受经济下滑的胜算。

工艺装置聚合部分的工艺流程图如图 D-1 所示；单体被聚合，未反应的单体被回收，而聚合物则在下游装置被加工(US CSB 2011)。氟乙烯(VF)单体像液态天然气一样处理，在压力下冷却，并作为液体泵入反应器。由于聚合反应不会消耗进入反应器的所有氟乙烯，因此将未反应的氟乙烯从聚合物浆料中分离出来并且再循环。浆料被泵送到浆料罐，以便随后进行过滤、干燥和储存。氟乙烯单体在常温常压下挥发，接触空气中会形成爆炸性混合物。

受削减预算不利影响的一个小组是维修和运营小组，其中一些机械师、电工和操作员被裁员。但是，这些经验丰富的员工对于正常运营中的过程安全风险的有效管理至关重要。图 D-2 所示的风险矩阵中给出了正常操作风险管理的一种方法。在正确理解未缓解的风险的基础上，结合过程安全系统的正确设计和实施，工艺装置的正常运行风险相对较低。工艺装置的日常剩余风险已降至可承受的风险水平。经过数十年采用过程安全方案和系统对装置的运行和维护，SHEQ&S团队的工艺装置资源分配得到了优化，资源适当平衡以最大限度地降低运营风险。然而，由于资源减少，操作风险增加，整体风险曲线从正常操作①转移到压力操作②左侧，如图D-3所示。

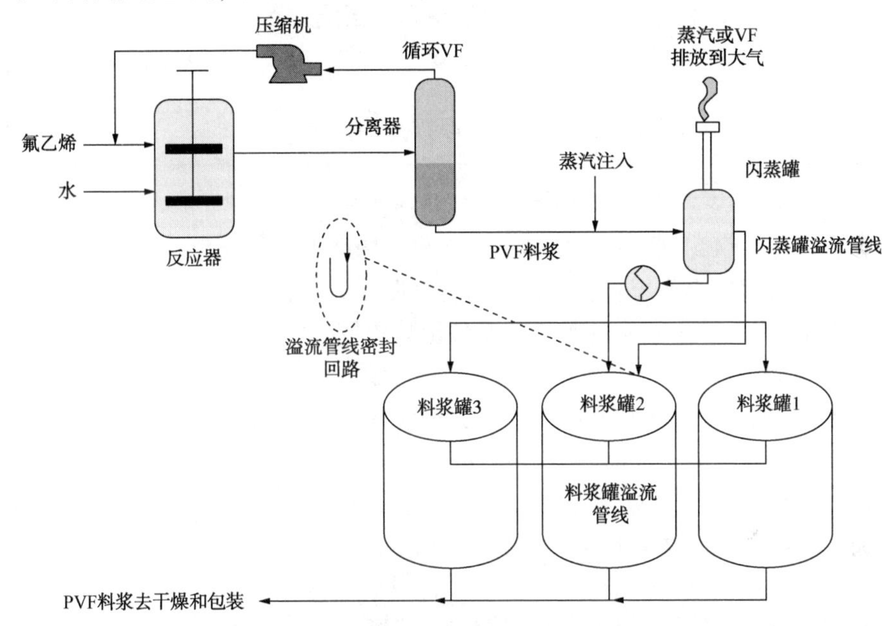

图D-1 聚合工艺流程图(US CSB 2011a)

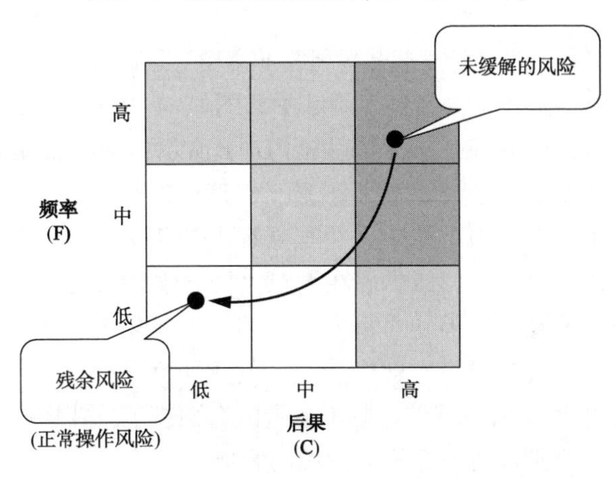

图D-2 工艺装置正常运行时的剩余风险

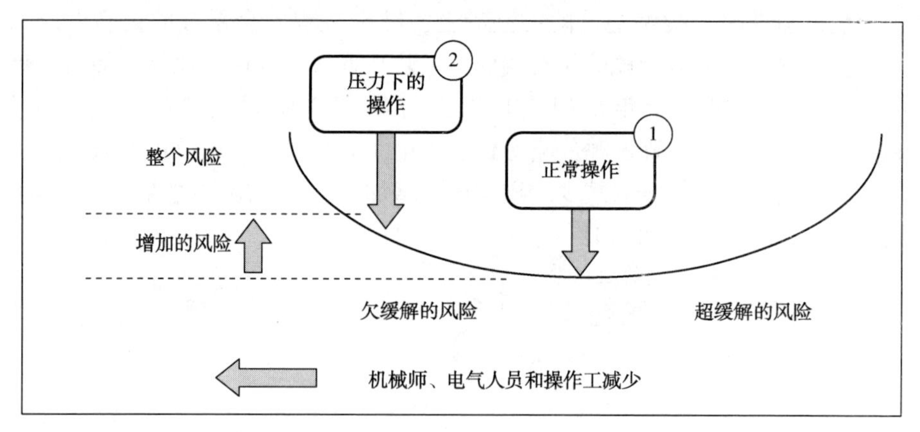

图 D-3　随着人员减少，整体操作风险增加

重要的是要认识到，在正常运行中必须支持许多过程安全系统，以帮助管理风险。这些过程安全系统包括在运行的各个阶段(开车、正常运行、停车和紧急情况)识别危害，了解正常的工艺和设备设计意图，彻底的危害和风险分析，标准化的操作程序，整个设施的安全工作实践，以及设备完整性测试和检查。表 D-1 给出了正常运行中固有的过程安全系统。在实施设备特定的独立工程和保护层管理之后，将反应器、分离器和压缩机的未缓解风险(被称为“高风险”)降低到“低风险”。SHEQ&S 方案的好处将在董事会必须作出艰难的决定时 SHEQ&S 团队之间更好沟通的过程中显现出来。

D-2　两个不利影响：第 1 部分　对运营的直接影响

对运营的直接影响是运行工艺装置所需的资源急剧减少。成本削减包括劳动力和资本支出，并分布在 SHEQ&S 各个团队中。图 D-4 中显示了正常运行(场景 1)和削减运行(场景 2)之间 SHEQ&S 团队资源分配的减少情况。

虽然在测量的“底线”指标中并不明显，但确保安全和可靠运营的设备生命周期和计划也受到了成本削减的影响。公司层面的决策者影响了所有的设备阶段，延迟了所有的基建项目支出，减少了在设施上持续改进的人员。设施层面的决策者不得不听取公司的意见，停止小型资本项目，包括管理工艺装置设备的变更，减少员工。在聚合装置层面，空转生产设备的预防性维护测试和检查要么延迟，要么根本不执行(“为什么要维护一些不运行的东西?”)。图 D-5 显示了成本削减决策对组织中不同级别设备寿命不同阶段的影响。

表 D-1　反映正常运行的过程安全风险评估

		反应器	分离器	压缩机	闪蒸罐	PVF料浆罐
正常操作						
	是否存在氟乙烯?	是 在高压下聚合成PVF	是	是	量不大	量不大
	氟乙烯危害	LEL以上	LEL以上	LEL以上	排放到大气	如果有任何残余，低于LEL
	是否存在聚氟乙烯	是	是	是	是	是 料浆
	未缓解的风险	高	高	高	中	低
过程安全系统	屏障					
工艺技术和过程危害分析	设备设计 危害和风险分析	是 压力容器	是	是	是	是
操作程序	基于设备设计的SOLs	是	是	是	是	是
安全工作实践	动火许可证	是(适用于设施)				
设备完整性	安排的测试和检查	是 压力容器	是	是	是	根据需要
	残余(缓解)风险	低	低	低	低	低

必须认识到，由于工艺装置的未来是一个未知数，很少有决策者会做长远的考虑。大家都认为，如果没有立即削减，工艺装置根本就没有前途。将不同的决策者对设备生命周期各个阶段的影响与图 D-5 中的阶段进行比较，无论他们是处于企业、设施还是工艺装置层面。决策者在某种程度上影响着每个阶段。如果没有进行必要的维护，企业决策者不应该期望工艺装置按照设计的时间运行。如果在没有维护的情况下运行，设备将会出现故障。

D-3　两个不利影响：第 2 部分　对风险的延迟影响

本案例研究显示，由于延迟或消除的预防性维护任务，过程安全相关风险如何从低的可容忍水平提高到难以接受的高水平。当需求再次增加时，工艺装置恢复运行，但没有时间增加在裁员期间减掉的人员。不幸的是，在满足市场的压力

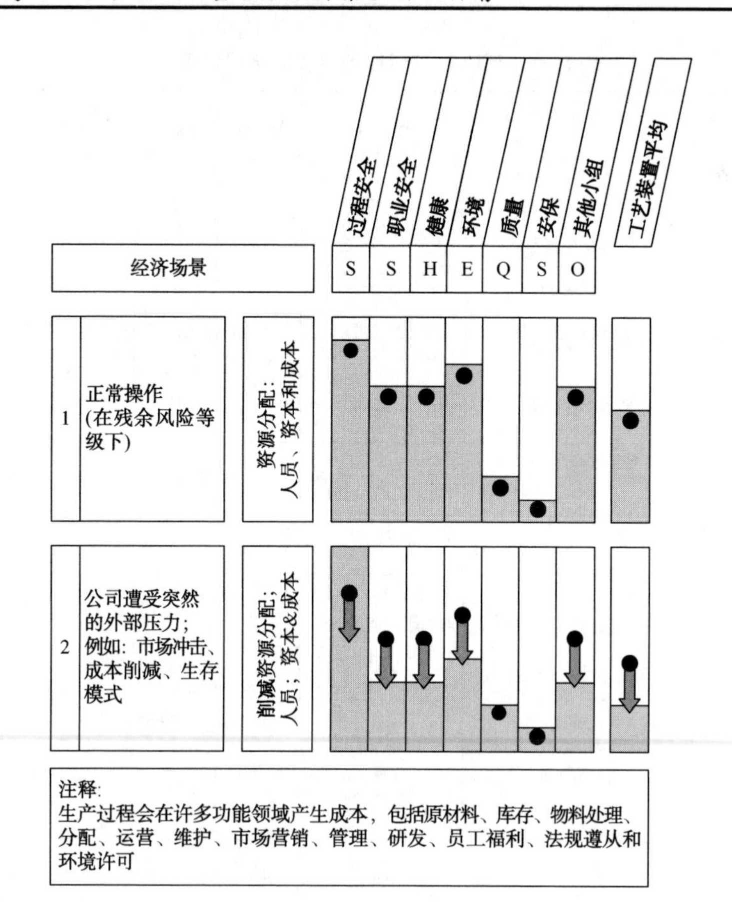

图 D-4　对 SHEQ&S 小组资源水平的影响

之后，装置恢复了运行，但没有解决在空转期间需要处理的压缩机和料浆罐的预防性维护测试和检查问题。特别是在经济放缓几个月之前进行的检查，发现料浆罐之间的蒸气溢流管线受到腐蚀。

直到几个月后，工艺装置完成每年的停车后不久，才发现错过了预防性维护的后果。重新启动时压缩机出现故障，分离器不能在预期的设计限值下运行，导致更多的单体蒸气被夹带到去料浆罐的 PVF 浆料中。单体随后蒸发，并且在运行中通过腐蚀和未修补的溢流管线从料浆罐进入锁定/停用的料浆罐。这些蒸气积聚在停用的料浆罐蒸气空间 LEL 以上的高度。尽管每个人都认为停车后的热工维修可以在停用的料浆罐上安全地进行，但是积聚的蒸气被点燃并导致死亡事故。如图 D-6 所示，一旦恢复运行，实际风险已不再处于可承受的低水平状态。将正常运行(表 D-1)中的“屏障完整性”问题响应与运行恢复后的响应(表 D-2)进行比较时，安全风险管理的变化是显而易见的。

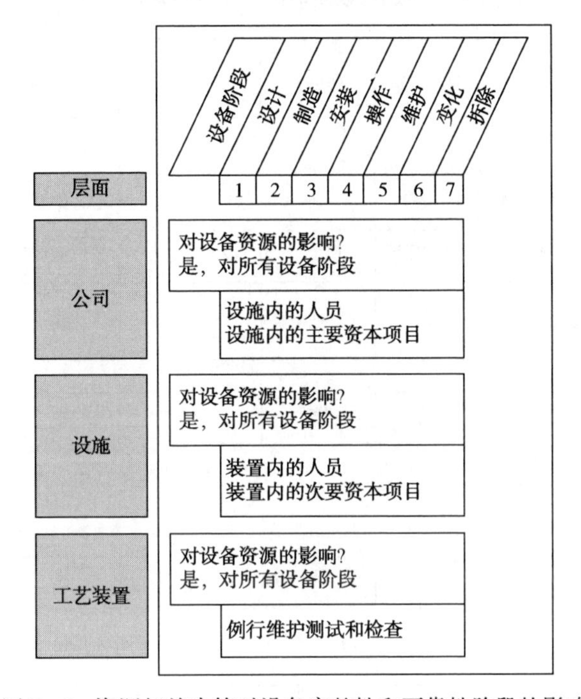

图 D-5　资源相关决策对设备完整性和可靠性阶段的影响

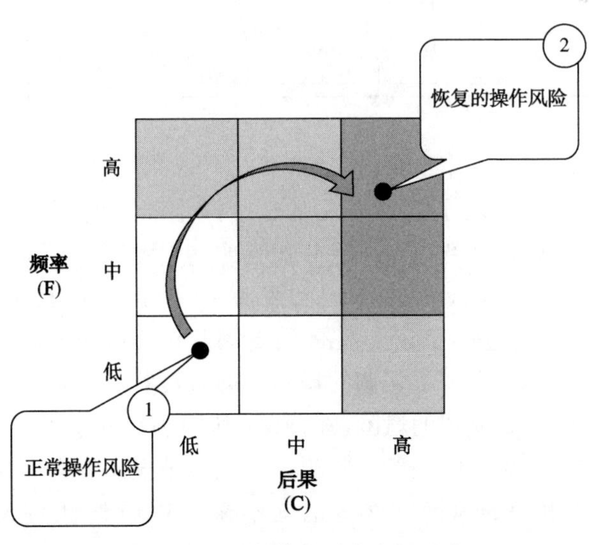

图 D-6　运行恢复时的实际风险

表 D-2　运行恢复时的过程安全风险评估

		反应器	分离器	压缩机	闪蒸罐	PVF料浆罐
资源削减后恢复的操作						
	是否有氟乙烯?	是	是	是	是	是（未知）
	氟乙烯危害	LEL以上	LEL以上	LEL以上	排放到大气	LEL以上
	是否有聚氟乙烯?	是	是	是	是	是 料浆
	未缓解的风险	高	高	高	中	高
过程安全系统						
	屏障完整性?					
操作程序	SOLs内操作?	是	否	否	是	是
安全工作实践	动火许可证?	是(适用于设施)				
设备完整性	安排的测试和检查?	是 压力容器	否	否	否	否
	实际风险	低	高	高	高	高

虽然后见之明给调查小组提供了“应该做什么”的建议，但重要的是要认识到，在事件发生时做出决定的每个人都在使用他们当时所能获得的最佳信息(Vaughen 2011)。如果重新审视风险分配图像，则图 D-4 所示的资源分配减少图像可以转化为公司风险图像，显示图 D-7 中正常运行和恢复运行之间SHEQ&S 风险增加。在正常运行期间，所有团队在公司的可承受风险水平(低)运营。然而，预算削减引发了强调的操作，导致过程安全风险，在业务恢复后没有得到充分的解决。公司的风险(暴露)被认为仍然处于可接受的(低)水平，因为没有足够的信息显示已经形成差距。在现实情况下，公司面临的风险不可避免地高于其可承受的风险，这一情况本来可以由整合的 SHEQ&S 系统来识别。

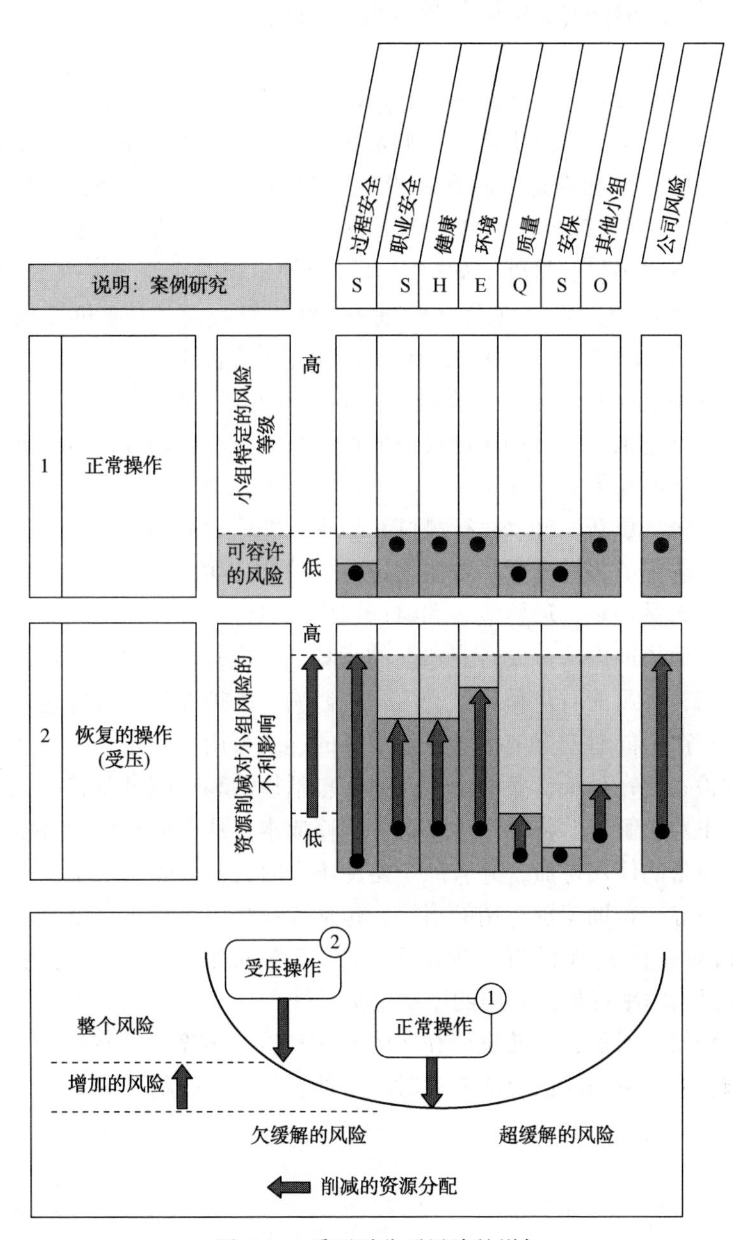

图 D-7　受压时公司风险的增加

D-4 关于SHEQ&S项目案例的其他反思

如果在一个有效设计和实施的SHEQ&S系统中存在影响过程安全绩效的监控指标，那么对一个小组做出决策的影响及其对其他小组的潜在影响可能在整个公司内得到更好的分享和沟通。确保在设施生命周期内工艺安全启动是风险管理RBPS支柱的一个组成部分(CCPS 2007a，Sepeda 2010)。没有适当的操作准备情况审查，就会发生事故。另外，如果没有适当的组织变更审查，就会发生事故。除此之外，其他参考文献还涉及运营准备(包括启动前评估)和管理组织变更(CCPS 2007a，CCPS 2007b，CCPS 2013)，在此不再赘述。

虽然有许多过程安全相关的指标可供选择，但本案例研究的领先指标选项可以监测和追踪预定维护测试和关键设备的检查数量。工艺装置延迟或缺失的设备测试和检查是显而易见的，在审查过程中可能作为一个问题提出。这种差距导致的主动行动将包括重新安排、执行测试和检查，并根据需要作出适当的反应。知识是做出正确决定的关键因素。希望通过有效的SHEQ&S方案，共享知识，避免未来可能造成人员伤亡、环境危害和财产损失的事件。

在整个生命周期内保持设备完整性的背景下，设备可靠性和设备性能的不良将降低生产率，并可能对产品质量产生不利影响。维护部门的目标包括经济有效地保存有形资产，同时安全地提供工艺设备的连续可用性。还有必要认识到，预防性测试和检查旨在延长设备的使用寿命，包括检测和响应设备状况，如果问题相对较少，不及早解决，将会产生昂贵的维修成本。从本质上说，日常的预防性维护可延长设备的使用寿命，并有助于避免不合时宜的故障。用于支持维护的工具可以提供指导，帮助识别有用的指标，包括操作程序、工作指令、数据和信息的输入及检索、优先级设置、当前和未来工作的跟踪，所有这些都可以为SHEQ&S项目内的跟踪提供有用的度量指标。

如本案例研究所示，有效设计和实施的SHEQ&S方案应该有助于主动识别过程安全漏洞，在感觉为时已晚之前有时间来处理和纠正问题。

附录 E　设备寿命周期中的设备完整性

在有用的生命周期内，必须维护设备的完整性，从设备的设计到使用寿命的终结，以及最终的拆卸。设备生命周期由图 E-1 所示的七个不同阶段表示：设计、制造、安装、操作、维护、更换和拆除。

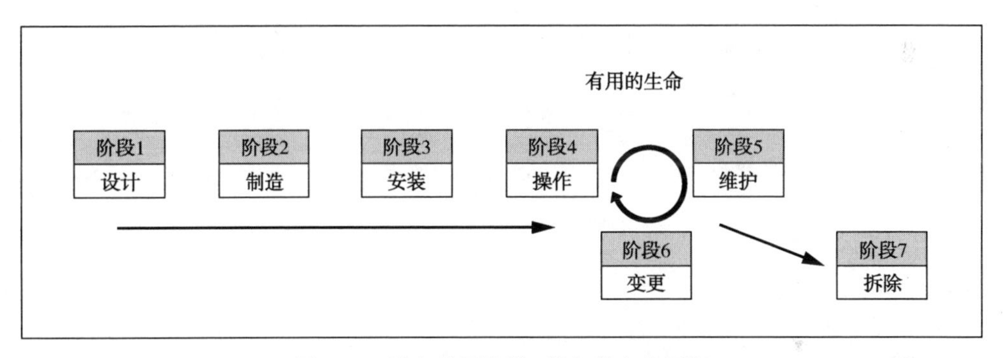

图 E-1　设备使用阶段-设备的生命周期

组织中每个层次的人员在每个阶段的某个时间直接或间接地影响设备的完整性：

- 工程设计必须解决工艺和材料的危害。
- 施工(包括采购)必须根据设计规格制造和安装设备。
- 操作必须在安全的操作极限内操作设备。
- 维护必须执行设备的预防性维护测试和检查，以延长设备的使用寿命；根据结果，必须启动响应，依据测试或检查来弥补缺陷。

而且，最重要的是，每个人都必须从设计到使用寿命结束的各个阶段帮助管理设备的变化。

设备是用于实现公司目标的实物资产的一部分：通过将新材料转化为产品来增加价值。用于帮助管理设备完整性风险的 RBPS 过程安全系统包括：符合标准，工艺知识和管理，以及危害识别和风险分析(第 1 阶段)；承包商管理(第 2

和第3阶段）；操作程序和安全工作实践(第4阶段)；资产完整性和可靠性(第5阶段)；变更管理和业务准备(第1~7阶段)(CCPS 2007a，Sepeda 2010)。当一个全面的过程安全方案涉及设备生命周期的所有阶段时，设备不会突然失效并导致过程安全事件。

附录F　SHEQ&S管理体系摸底调查

本附录中描述的管理体系摸底调查示例已经预先填写了美国OSHA PSM和美国环保局RMP的监管期望。如果需要，“其他”栏可以由每个组织和设施填写适用于其他司法管辖区的其他法规、标准或准则，例如：加拿大EPA环境紧急条例和欧盟指令Seveso Ⅱ。

该调查采用CCPS提供的基于风险的过程安全（RBPS）管理体系指导框架（CCPS 2007a，Sepeda 2010）。如图F-1所示，基于以下四个支柱，确定了成功管理体系的20个要素：

① 对过程安全作出承诺；

② 了解危害和风险；

③ 管理风险；

④ 学习经验。

该调查旨在评估组织内企业和设施层面每个SHEQ&S小组的管理体系。特别是，必须根据需要清楚地理解和处理这些调查中确定的管理体系的差距。

该调查的前提是：

通过了解和加强现有的管理体系，成功地减少对SHEQ&S小组的工作需求，而不是创建新的工作流程。

SHEQ&S系统摸底调查中提出的问题主要集中在SHEQ&S小组用于管理组织操作风险的系统上。由于全球性组织在不同的司法管辖区和法规下都有设施，因此其企业标准和指导方针必须以绩效为基础，允许每个设施制定规定的、设施特定的标准和指导方针。出于这个原因，提出了两个量身定制的调查，以解决公司基于“绩效”的标准和设施基于“规范”的标准。

“SHEQ&S映射系统”工作手册包含两项调查，第一项是企业级管理问题，第二项是设施级管理问题。虽然这些调查包含在本附录中，但请访问CCPS网站，以获取最新版本的调查结果：

http://www.aiche.org/ccps/publications/metrics-tools

公司管理层调查的描述：

目标：确定企业过程安全标准和指南与过程安全相关监管期望之间的差距。

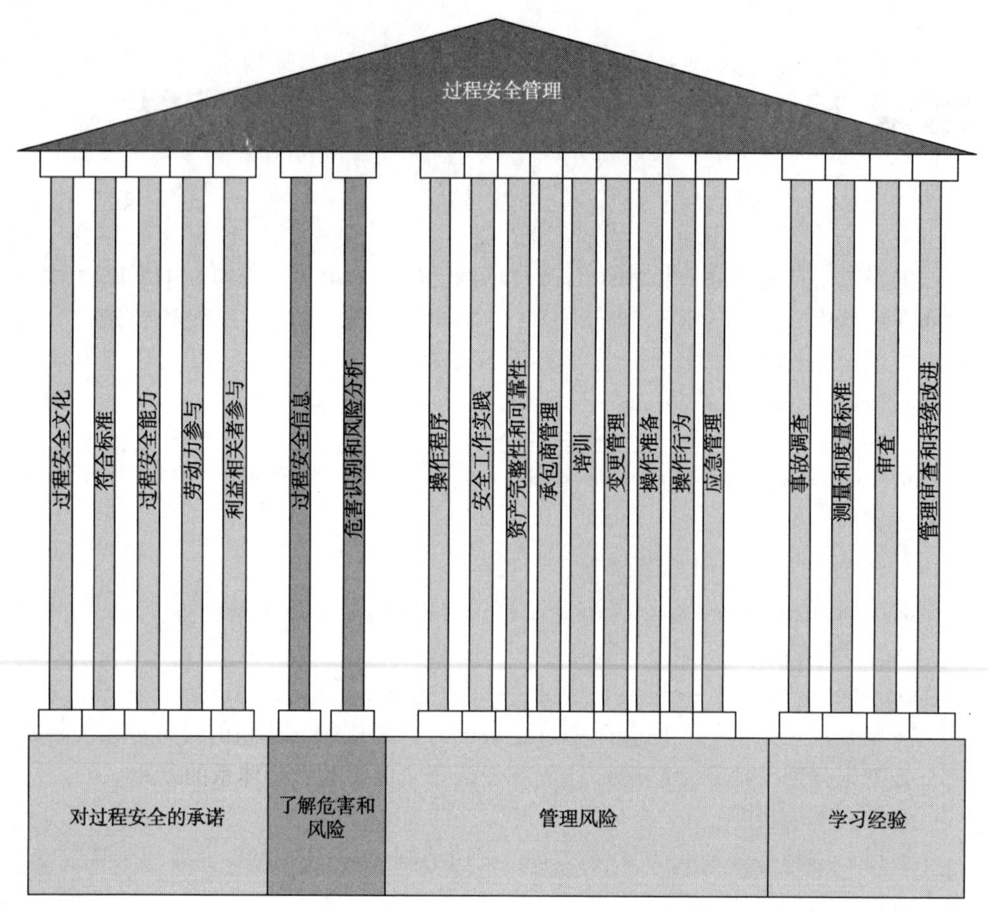

归属于D.Guss，尼克森公司，2009年
由CCPS资助（2010年）

图 F-1 CCPS 过程安全管理体系

图 F-2 描述了企业标准、准则和政策与 CCPS RBPS 支柱/要素(左侧)和适用法规(右侧)的逐行映射(比较)。请注意，此模板中的示例预先填写了美国 OSHA PSM 和美国环保局 RMP 中与过程安全相关的要素。如果有的话，可以在调查中注意到 SHEQ&S 系统的差距，并采取企业层面的行动来弥补差距。

设施管理层调查描述：

目标：确定设施标准和指导方针与公司过程安全标准和过程安全相关监管期望之间的差距。

图 F-3 描述了设施标准、准则和政策与企业标准、准则和政策（左侧）到 CCPS RBPS 支柱/要素（左侧）和其他适用的规定（右侧）的逐行映射（比较）。请注意，此模板中的示例已预先填写了美国 OSHA PSM 和美国环保局 RMP 中与过程安全相关的要素。如果有的话，可以在调查中注意到 SHEQ&S 系统的差距，并采取设备层面的行动来弥补差距。

过程安全的支柱			调查结果	差距？是或否	过程安全	
对过程安全的承诺			公司管理体系（标准、指南和政策）		要素	其他
要素	1	过程安全文化				
	2	符合标准				
	3	过程安全能力				
	4	劳动力参与			a.雇员参与	
	5	利益相关者外联				
了解危害和风险						
要素	6	工艺知识管理			b.过程安全信息	
	7	危害识别分析			c.过程危害分析	

图 F-2　SHEQ&S 管理体系摸底调查（“附录 F，表 F-1”）中的行和列

RBPS 过程安全的支柱			调查结果		差距? 是或否	S 过程安全
对过程安全的承诺			公司管理体系 (标准、指南和政策)	设施管理体系 (标准、指南和政策)		地方规定 (下文所列的美国OSHA示例)
要素	1	过程安全文化				
	2	符合标准				
	3	过程安全能力				
	4	劳动力参与				a.雇员参与
	5	利益相关者外联				
了解危害和分析						
要素	6	工艺知识管理				b.过程安全信息
	7	危害识别分析				c.过程危害分析

图 F-3　SHEQ&S 管理体系摸底调查中的行和列(“附录 F，表 F-2”)

以下几页提供了发布时附录 F SHEQ&S 管理体系映射工具的样本(图 F-4~图 F-6)。请访问 CCPS 网站获取这些调查的最新版本：

http://www.aiche.ore/ccps/publications/metrics-took

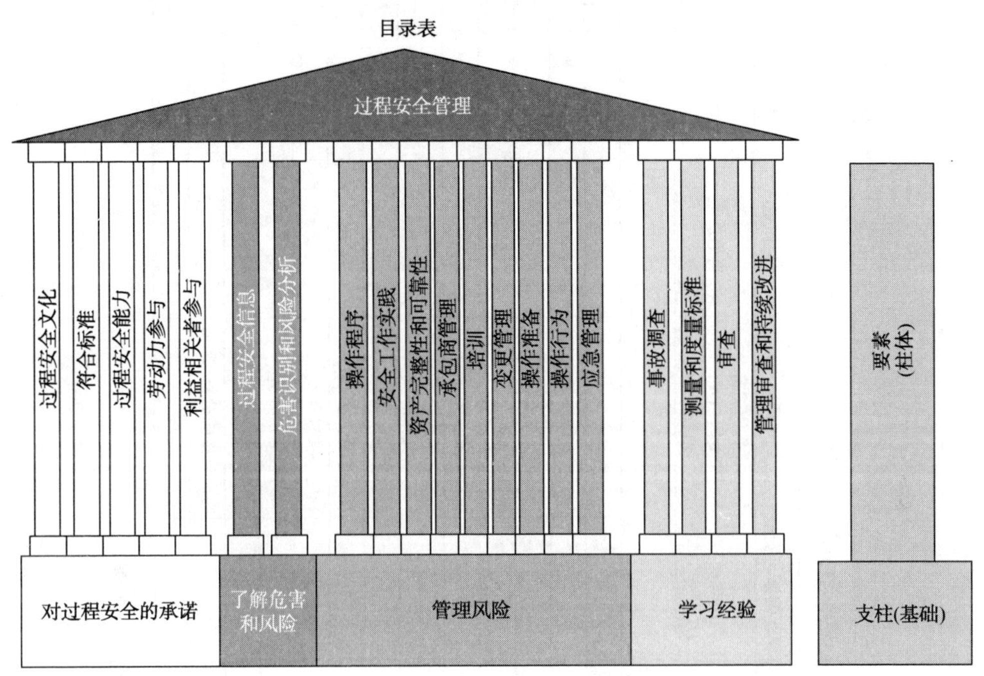

归属于D.Guss，尼克森公司，2009年
CCPS资助，来自Sepeda，A.L.，“了解过程安全管理”
“化学工程进展”，2010年8月，第106卷，第6号，第26~33页

工作表

1	目录表
2	公司调查 映射公司标准与
3	设施调查 映射设施标准与公司和监管机构的期望

图 F-4　附录 F“调查”目录表

Issued 25-July-2015

CCPS基于风险的过程安全(RBPS)SHEQ&S管理体系映射工具–公司体系								
RBPS 过程安全支柱		调查结果 公司管理体系 (标准、手册和政策)	差距? 是或否	S–过程安全 当地规范 (如美国OSHA列表如下)	H–职业健康与安全 当地规范	E–环境 当地规范 (如美国EPA RMP列表如下)	Q–质量 当地规范	S–安保 当地规范
对过程安全的承诺								
要素 1	过程安全文化							
要素 2	符合标准							
要素 3	过程安全能力							
要素 4	劳动力参与			a)雇员参与		83员工参与		
要素 5	利益相关者外联					见RMP提交需求		
了解危害和风险								
要素 6	工艺知识管理			b)过程安全信息		65过程安全信息		
						10(a)临界量分析		
						48安全信息		
要素 7	危害识别分析			c)过程危害分析		67过程危害分析		
						25最坏泄放场景分析		
						33厂外影响分析–环境		

图F–5　附录F公司调查示例

Issued 25-July-2015

RBPS 过程安全支柱			调查结果		差距 是或否	S-过程安全	H-职业健康与安全	E-环境	Q-质量	S-安保
			公司管理体系? (是或否)	设施管理体系 (标准、手册和政策)		当地规范 (如美国OSHA 列表如下)	当地规范	当地规范 (如美国EPA RMP 列表如下)	当地规范	当地规范
对过程安全的承诺										
要素	1	过程安全文化								
要素	2	符合标准								
要素	3	过程安全能力								
要素	4	劳动力参与				(a)雇员参与		83员工参与		
要素	5	利益相关者外联						见RMP提交需求		
了解危害和风险										
要素	6	工艺知识管理				(b)过程安全信息		65过程安全信息		
								10(a)临界量分析		
								48安全信息		
要素	7	危害识别分析				(c)过程危害分析		67过程危害分析		
								25最坏泄放场景分析		
								33厂外影响分析-环境		

表名：CCPS基于风险的过程安全(RBPS)SHEQ&S管理体系映射工具-设施体系

图F-6　附录F设施调查示例

附录 G　过程安全人员能力调查

本附录提供的人员能力调查示例已经预先填写了美国 OSHA PSM 和美国 EPA RMP 监管期望。如果需要，“其他”栏可以由每个组织和机构填写适用于其他司法管辖区的其他法规、标准或准则，例如：加拿大 EPA 环境紧急条例和欧盟指令 Seveso Ⅱ。

该调查的前提是：

成功实施整合的 SHEQ&S 管理体系，并与组织内各级人员配合。

过程安全能力调查中提出的问题侧重于应用企业和设施的过程安全特定管理体系的人员。人员问责制的缺陷(如果有的话)很快得到确认，有助于确保每个人都知道自己的角色，从负责提供资源执行公司或设施计划的负责人到负责执行设计、建造、运营或维护现场设备。

本调查使用 CCPS 提供的基于风险的过程安全(RBPS)管理体系指导框架(CCPS 2007a，Sepeda 2010)。如图 G-1 所示，基于以下支柱，成功管理体系确定了 20 个要素：

① 对过程安全的承诺；

② 了解危害和风险；

③ 管理风险；

④ 学习经验。

调查的目的是评估在组织内所有级别的 SHEQ&S 组中负责资源分配或执行过程安全相关系统的人员的能力(公司、设施和过程单位，见表 2-1 中提供的组织级术语)。特别是，必须根据需要清楚地了解和处理这些调查所查明的人员能力方面的差距。

以下几页提供了发布时附录 G 中提供的人员能力调查样本。这些例子反映了根据单独的支柱进行的“高级领导”调查的一部分，并在相应的工作表(参见表 G-1中的调查表)中针对“设施领导”和“工艺装置领导”量身定制了相应的调查。请访问 CCPS 网站获取这些调查的最新版本：

http://www.aiche.org/ccps/publications/metncs-tools

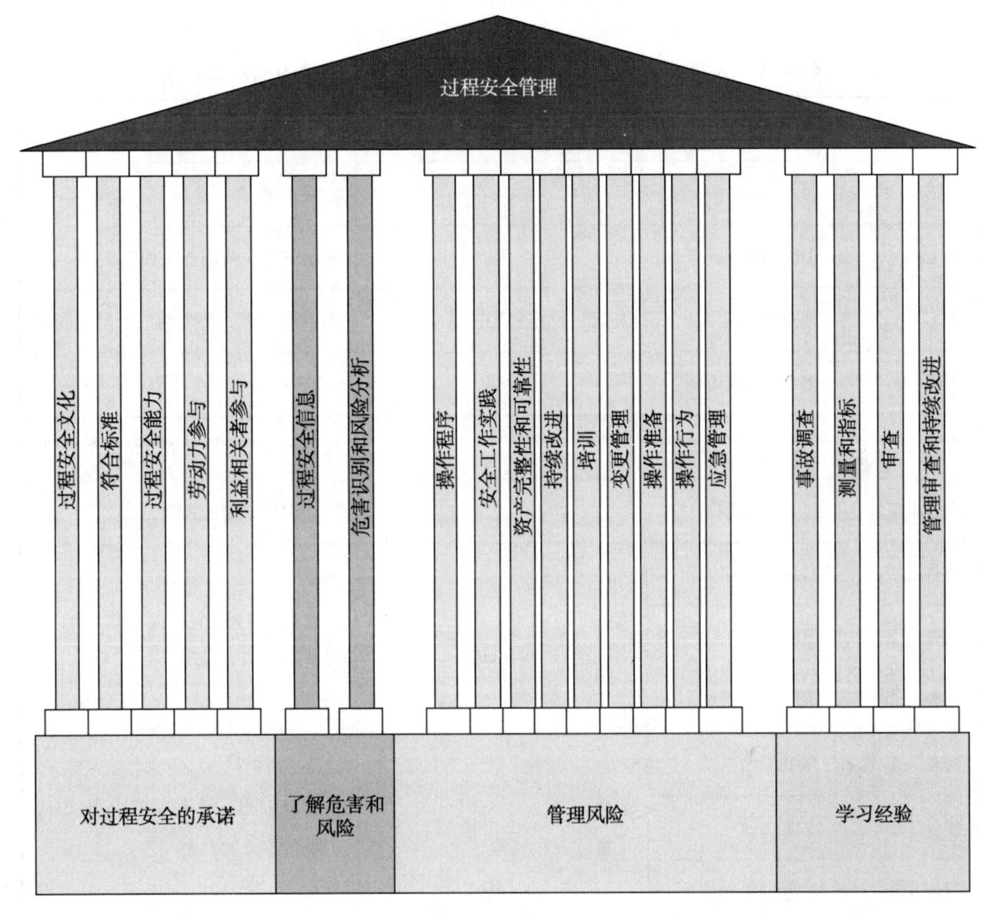

图 G-1　CCPS 过程安全管理体系

该工作手册包含企业、设施和工艺装置领导层的人员能力调查(见表 2-1 中提供的组织级别术语)。人员能力调查工作表简要描述并列在表 G-1 中。调查分布在三个层面：

调查/支柱	**组织领导层**
2.1，3.1，4.1，和 5.1	高级/公司(下文给出的示例)
2.2，3.2，4.2，和 5.2	设施
2.3，3.3，4.3 和 5.3	工艺装置

表 G-1　人员能力调查目录副本(附录 G Excel 文件中的表 G-1)

<table>
<tr><th colspan="3">工作表</th><th>工作表总览</th></tr>
<tr><td>表 G-1</td><td colspan="2">目录</td><td>附录 G 目录</td></tr>
<tr><td>表 G-2</td><td colspan="2">RBPS 调查框架</td><td>显示 RBPS 的调查工作表框架</td></tr>
<tr><td>表 G-3</td><td colspan="2">调查级别定义(公司/高级、设施和工艺装置)</td><td>因不同职责而产生的三个层面问题</td></tr>
<tr><td>表 G-4</td><td colspan="2">RBPS 支柱说明</td><td>CCPS 网站</td></tr>
<tr><td>表 G-5</td><td colspan="2">CCPS 参考文献</td><td>额外 RBPS 支持的 CCPS 指南清单</td></tr>
<tr><td>调查 1.1</td><td colspan="2">过程安全职责</td><td>帮助识别职责的差距</td></tr>
<tr><td>调查 2.1</td><td>高级层面</td><td rowspan="3">支柱
对过程安全的承诺</td><td rowspan="3">帮助识别与三个层面中该支柱特定要素相关的差距</td></tr>
<tr><td>调查 2.2</td><td>设施层面</td></tr>
<tr><td>调查 2.3</td><td>工艺装置层面</td></tr>
<tr><td>调查 3.1</td><td>高级层面</td><td rowspan="3">支柱
了解危害和风险</td><td rowspan="3">帮助识别与三个层面中该支柱特定要素相关的差距</td></tr>
<tr><td>调查 3.2</td><td>设施层面</td></tr>
<tr><td>调查 3.3</td><td>工艺装置层面</td></tr>
<tr><td>调查 4.1</td><td>高级层面</td><td rowspan="3">支柱
管理风险</td><td rowspan="3">帮助识别与三个层面中该支柱特定要素相关的差距</td></tr>
<tr><td>调查 4.2</td><td>设施层面</td></tr>
<tr><td>调查 4.3</td><td>工艺装置层面</td></tr>
<tr><td>调查 5.1</td><td>高级层面</td><td rowspan="3">支柱
学习经验</td><td rowspan="3">帮助识别与三个层面中该支柱特定要素相关的差距</td></tr>
<tr><td>调查 5.2</td><td>设施层面</td></tr>
<tr><td>调查 5.3</td><td>工艺装置层面</td></tr>
</table>

表 G-2　人员能力调查框架副本(附录 G Excel 文件中的表 G-2)

过程安全人员能力调查框架

基于基本风险的过程安全(RBPS)AlChEADCPS

调查问题集			工作本标签		调查重点
(1)过程安全职责谁负责，在哪里使用			1.1	过程安全调查	职责和适用性
(2)对过程安全的承诺			2.1	高级层面	职责
			2.2	设施层面	职责
			2.3	工艺装置层面	职责
支柱 要素	1	过程安全文化	参见本附录中的CCPS指南，表G-5		
	2	符合标准			
	3	过程安全能力			
	4	劳动力参与			
	5	利益相关者外联			
(3)了解危害和风险			3.1	高级层面	资源
			3.2	设施层面	实施
			3.3	工艺装置层面	资源
支柱 要素	6	工艺知识管理	参见本附录中的CCPS指南，表G-5		
	7	危害识别和风险分析			
(4)管理风险			4.1	高级层面	资源
			4.2	设施层面	实施
			4.3	工艺装置层面	实施
支柱 要素	8	操作程序	参见本附录中的CCPS指南，表G-5		
	9	安全工作惯例			
	10	资产完整性和可靠性			
	11	承包商管理			
	12	培训和绩效保证			
	13	变更管理			
	14	操作准备			
	15	操作行为			
	16	应急管理			
(5)学习经验			5.1	高级层面	实施
			5.2	设施层面	实施
			5.3	工艺装置层面	实施
支柱 要素	17	事故调查	参见本附录中的CCPS指南，表G-5		
	18	测量和指标			
	19	审查			
	20	管理审查和持续改进			

表 G-3　人员能力调查领导力定义副本(附录 G Excel 文件中的表 G-3)

<table>
<tr><th colspan="5">调查层次的定义</th></tr>
<tr><td colspan="3">调查基于组织层面</td><td colspan="2">组织图表中可以使用的术语(参见表 2-1)</td></tr>
<tr><td rowspan="5">公司层面</td><td colspan="3">本指南中提到的小组</td><td>过程与职业安全(S)、职业健康(H)、环境(E)、质量(O)和安全(S)</td></tr>
<tr><td rowspan="4">高级别层面调查</td><td rowspan="4">该层面的其他术语：企业组织</td><td>人员术语</td><td>包括总裁、副总裁、执行官、首席运营官(COO)、全球总监、全球经理，包括全球过程安全管理(PSM)董事</td></tr>
<tr><td>地区</td><td>包括欧洲、北美、南美、亚太地区、非洲、中东地区</td></tr>
<tr><td>能力中心</td><td>包括过程安全管理(PSM)、环境、健康和安全(EHS)、工程、维护、采购、信息服务、供应链、运营、卓越运营、研发(R&D)、可持续性</td></tr>
<tr><td>部门或分部</td><td>包括财务、法律、税收、保险(预防损失、财产和意外事故)、战略规划、通信、政府关系、审计、人力资源、投资者关系、部门还注意到与产品有关的分组(例如化工、炼油、上游、下游等)</td></tr>
<tr><td>业务层面</td><td></td><td>该层面的其他术语：业务单位；业务；物流；分段</td><td></td><td>“商业”通常基于类似的技术或市场，如炼油、化工、特种化学品、先进材料、生物、植物科学、爆炸物等。
业务单位可能在世界各地的不同地点拥有设施</td></tr>
<tr><td rowspan="3">设施层面</td><td colspan="3">本指南中提到的小组</td><td>过程和职业安全(S)、职业健康(H)、环境(E)、质量(Q)和安保(S)</td></tr>
<tr><td rowspan="2">设施层面的调查</td><td rowspan="2">该层面的其他术语：装置现场</td><td>人员术语</td><td>包括设施经理、高级经理、助理经理、副经理、工程师、官员、包括设施(现场)PSM 要素所有者</td></tr>
<tr><td>部门术语</td><td>包括生产、运营、维护、工程、项目、质量控制和保证、信息技术(IT)、原材料存储和/或仓库、采购、客户服务、人力资源、行政管理、会计、财务</td></tr>
<tr><td rowspan="2">工艺装置层面</td><td rowspan="2">工艺装置层面的调查</td><td rowspan="2">该层面的其他术语；资产</td><td>人员术语</td><td>包括操作员、机械师、电工、技术人员、过程支持工程师、实验室技术员、服务员、工人、主管；包括当地的 PSM 要素所有者</td></tr>
<tr><td>危险工艺术语</td><td>处理有害物质和能量的过程，如果设计用于控制它们的设备失败，可能会对人类，环境和财产造成伤害；后果：因有毒排放、火灾、爆炸和/或失控反应而造成的死亡、伤害、环境和财产损失</td></tr>
</table>

表 G-4　人员能力调查 RBPS 支柱说明的副本(附录 G Excel 文件中的表 G-4)

<table>
<tr><td colspan="3">CCPS基于风险的过程安全(RBPS)支柱说明</td></tr>
<tr><td colspan="3">支柱</td></tr>
<tr><td colspan="2">过程安全</td><td>过程安全是确保用于化学制造、分配和处理操作的资产得到管理和控制的方法，以尽量减少可能导致火灾、爆炸、暴露或业务中断的可能性。安全管理始于健全的设计，需要良好的危害识别和缓解系统。培训、操作、维护和改变操作和设备，以及准备和应对突发事件</td></tr>
<tr><td colspan="3">对过程安全的承诺</td></tr>
<tr><td rowspan="2">1</td><td rowspan="2">领导力和文化</td><td>高级领导层必须表现出对创建和重视过程安全文化的承诺，公司和企业领导层必须表现出明显和持续的承诺，以监督和改进过程安全绩效</td></tr>
<tr><td>公司各级领导必须对过程安全的重要性有所了解。领导建立和沟通过程安全绩效预期，包括可衡量的目标和指标。分配足够的资源以满足绩效期望，并在整个组织内推广可观察的过程安全文化，领导者必须在其组织内促进和发展过程安全文化。鼓励公众提出疑虑并找出改善的机会</td></tr>
<tr><td rowspan="2">2</td><td rowspan="2">责任</td><td>过程安全问责制必须在公司内部建立，过程安全是业务运营和利益相关者期望不可或缺的一部分。有助于降低公司的运营风险</td></tr>
<tr><td>过程安全在整个组织层面的角色和责任必须明确界定，包括期望提升和权力对过程安全问题作出回应，领导者对过程安全绩效负责过程员工理解过程安全的重要性，因为它适用于他们的工作，并负责跟进和贡献的工作活动，以提高公司的过程安全绩效</td></tr>
<tr><td colspan="3">了解工艺危害和风险</td></tr>
<tr><td rowspan="2">3</td><td rowspan="2">知识、
技能和培训</td><td>必须制定程序，向管理过程安全风险的员工提供过程安全知识、专业知识、工具和培训</td></tr>
<tr><td>过程安全能力要求是针对管理过程安全风险(包括承包商和第三方服务提供商)的运营，工程和操作人员，与所执行的活动相称的员工和承包商接受的过程安全培训而建立和执行的，他们的过程安全责任。过程安全专家提供有关新兴过程安全工具和技术的继续教育</td></tr>
<tr><td rowspan="2">4</td><td rowspan="2">了解和排列
过程安全风险</td><td>必须有程序来系统地理解整个组织的过程安全风险，优先考虑行动并分配资源</td></tr>
<tr><td>比较必须识别和理解运营中的危害和风险公司必须实施系统，记录和获取有关过程相关危害和风险全面的、最新的信息，以便在所有领导层面做出明智的决策</td></tr>
<tr><td colspan="3">管理过程安全风险</td></tr>
<tr><td rowspan="2">5</td><td rowspan="2">全面的过程
安全管理体系</td><td>必须制定和实施全面的过程安全管理体系来管理过程风险，以推动持续改进</td></tr>
<tr><td>企业必须设计系统来管理和减轻已确定的过程安全风险，并提供足够的安全保障过程安全管理必须考虑固有的安全方法，被动控制、工程控制、运行控制、检查、维护和设备完整性程序，变更管理程序以及应急计划</td></tr>
<tr><td colspan="3">学习经验</td></tr>
<tr><td rowspan="2">6</td><td rowspan="2">信息分享</td><td>必须制定计划，积极分享整个组织的相关过程安全知识和经验教训，包括向利益相关者提供信息的方法</td></tr>
<tr><td>公司必须制定计划，促进管理层、员工、承包商和其他利益相关者之间的双向信息流动，以共享过程安全信息。这些计划必须分享公司相关过程安全审查、检查、审计和事件调查的结果。这些计划应该促进在各个层面上共享过程安全问题，而不用担心报复</td></tr>
<tr><td rowspan="2">7</td><td rowspan="2">监控和
改进绩效</td><td>必须制定和实施监测、报告、审查和改进过程安全绩效的系统</td></tr>
<tr><td>公司各级领导在必要时必须将过程安全绩效作为其职责的一部分进行监控。使用适当的领先和滞后指标，可以使用过程安全管理体系的常规评估来确认达到预期的结果。按计划的时间间隔进行审查，以确定对照过程安全绩效预期的进展情况，并在需要时采取行动提高绩效</td></tr>
</table>

表 G-5　人员能力调查参考文献副本(附录 G Excel 文件中的表 G-5)

PBPS支柱上补充信息的特定CCPS参考文献				
			CCPS指南	章节
(1) 了解过程安全的调查，谁负责，在哪儿适用			CCPS 2007(RBPS)	第2章，基于风险的过程安全概述
(2) 支柱　对过程安全的承诺				
要素	1	过程安全文化	CCPS 2007(RBPS)	第3章，过程安全文化
	2	符合标准	CCPS 2007(RBPS)	第4章，符合标准
			实施过程安全管理体系的CA	
	3	过程安全能力	CCPS 2007(RBPS)	第5章，过程安全能力
			CCPS 2011a(审查)	第6章，过程安全能力
			组织变更期间管理过程安全风险的G/L	
			外包生产操作中的过程安全G/L	
	4	劳动力参与	CCPS 2007(RBPS)	第6章，劳动力参与
	5	利益相关者外联	CCPS 2007(RBPS)	第7章，利益相关者外联
			CCPS 2011a(审查)	第8章，利益相关者外联
			CCPS 2010(度量)	第6章，沟通结果第6节不同的观众
(3) 支柱　了解危害和风险				
要素	6	工艺知识管理	CCPS 200(RBPS)	第8章，工艺知识管理
			CCPS 2011a(审查)	第9章，工艺知识管理
			过程安全的工程设计G/L，第2版	
			化工、石化和氢气加工设施中的工程设计G/L	
			过程安全文件G/L	
	7	危害识别和风险分析	CCPS 2007(RBPS)第9章，危害识别和风险分析	
			危害评估程序G/L，第3版，保护层分析	
			化学工艺量化风险分析G/L，第2版	
			建立量化安全风险标准的G/L	
			分析和管理固定化工现场安全漏洞的G/L	
			化学品运输安全、安保和风险管理G/L	
			收购评估和兼并后诉讼G/L	

续表

RBPS支柱补充信息的特定CCPS参考文献				
			CCPS指南	章节
(4) 支柱 管理风险				
要素	8	操作程序	CCPS 2007(RBPS)	第10章，操作程序
			编写有效的操作和维护程序的G/L	
	9	安全工作实践	CCPS 2007(RBPS)	第11章，安全工作实践
	10	资产完整性和可靠性	CCPS 2007(RBPS)	第12章，资产完整性和可靠性
			通过数据收集和分析提高装置可靠性的G/L	
			机械完整性系统的G/L	
	11	承包商管理	CCPS 2007(RBPS)	第13章，承包商管理
	12	培训和绩效保证	CCPS 2007(RBPS)	第14章，培训和绩效保证
			CCPS 2011a(审查)	第15章，培训和绩效保证
	13	变更管理	CCPS 2007(RBPS)	第15章，变更管理
			过程安全的变更管理G/L	
	14	操作准备	CCPS 2007(RBPS)	第16章，操作准备
			执行有效的开车后安全审查G/L	
	15	操作行为	CCPS 2007(RBPS)	第17章，操作行为
			操作行为和操作纪律	
	16	应急管理	CCPS 2007(RBPS)	第18章，应急管理
			现场应急技术规划G/L	
			现场应急规划委员会指南，了解EPA RMP规则	
(5) 支柱 学习经验				
要素	17	事故调查	CCPS 2007(RBPS)	第19章，事故调查
			调查过程安全事故G/L，第2版	
	18	测量和指标	CCPS 2007(RBPS)	第20章，测量和指标
			CCPS 2015(SHE Q&S)	整合管理体系，提高过程安全绩效的指南(本参考资料)
			过程安全度量标准C/L	
	19	审查	CCPS 2007(RBPS)	第21章，审查
			CCPS 2011a(审查)	第2章，实施PSM审查 第22章，审查
			审查过程安全管理体系的C/L，第2版	
	20	管理审查和持续改进	CCPS 2007(RBPS)	第22章，管理审查和持续改进 第23章，实施
			CCPS 2011a(审查)	第23章，管理审查和持续改进
			CCPS 2010(度量)	第7章，驱动绩效改进 第7.5节，管理审查
			CCPS 2010(度量)	第8章，改进绩效 第8.1节标杆管理

表 G-6 附录 G 的调查 1.1 示例(附录 G 的 Excel 文档中调查 1.1)

了解过程安全：谁负责，哪里适用								
11		组织责任	证据：谁来负责				是否有差距	采取的行动
			战略/公司层面	领导力/业务层面	操作/液位层面	设施层面		应该做什么来消除差距?
	S	过程安全						
	H	职业安全与健康						
	E	环境						
	Q	质量						
	S	安保						
12		过程安全评估管理体系	SHEQ&S 管理体系的风险评估是否考虑了公司的过程安全危害和风险?				是否有差距	采取的行动
			战略/公司层面	领导力/业务层面	操作/液位层面	设施层面		应该做什么来消除差距?
	S	过程安全						
	H	职业安全与健康						
	E	环境						
	Q	质量						
	S	安保						

表G-7　附录G高级领导层调查2.1示例(附录G Excel文档中的调查2.1)

2.1 对过程安全的承诺 1-过程安全文化 2-符合标准 3-过程安全能力 4-劳动力参与 5-利益相关者外联			高层领导-职责 响应	现在状态 今天有什么安排	证据 如何监控和记录？	差距 是否有差距？(是或否)	行动项 消减差距应该做什么？ *Issued* 25-*July*-2015
过程安全卓越的基石。一支积极参与的员工队伍和一个充分支持过程安全作为核心价值的组织将倾向于在正确的时间以正确的方式做正确的事情——即使没有其他人在关注							
Q1	公司和企业的高层领导是否重视、创造并致力于过程安全文化？						
	这一承诺是否得到了明显的体现和传达？						
1	是否有**高级领导**制定和建立公司安全、健康、环境、质量和安全(SHEQ&S)政策？	S					
		H					
		E					
		Q					
		S					
2	**公司高层**是否制定了一套管理体系，以确保符合适用的SHEQ&S标准、认证和法规？	S					
		H					
		E					
		Q					
		S					
3	**高层领导**是否提供了足够的人员和资源来有效地管理SHEQ&S的危害和风险？ 如果是，它们是否与过程安全危害和风险相结合？	S					
		H					
		E					
		Q					
		S					

设施领导和工艺装置领导的调查分别为Excel文件(见表G-1)中的调查2.2和2.3。

表G-8　附录G高级领导层调查3.1示例(附录G Excel文档中的调查3.1)

						Issued 25–*July*–2015
3.1 支柱：了解危害和风险 6–工艺知识管理 7–危害识别与风险管理		高层领导–提供资源 响应–聚焦过程安全	现在状态 今天有什么安排	证据 如何监控与记录?	Gap差距 是否有差距?(是或否)	行动项 消减差距应该做什么?
基于风险的方法的基础，它将允许组织使用这些信息以最有效的方式分配有限的资源						
Q01	高层领导是否建立了企业指导，以管理企业和设施特定的过程安全技术?					
Q02	高层领导是否提供了足够的资源，包括有能力的人员和系统，来管理公司和特定设施的过程安全技术?					
Q03	高层领导是否建立了识别特定设施的危害并管理其过程安全风险的企业指南?					
Q04	高层领导是否提供了足够的资源，包括合适的人员和系统，以识别特定设施的危害并管理其过程安全风险?					

设施领导和工艺装置领导的调查分别为Excel文件(见表G–1)中的调查3.2和3.3。

表G-9 附录G高级领导层调查4.1示例(附录G Excel文档中的调查4.1)

4.1 支柱：风险管理 8–操作程序 9–安全工作实践 10–资产完整性和可靠性 11–承包商管理 12–培训及表现保证 13–变更管理 14–操作准备 15–操作行为 16–应急管理		高层领导–提供资源 响应–聚焦过程安全	*Issued* 25–*July* 2015 现在状态 今天有什么安排	证据 如何监控和记录？	差距 是否有差距？(是或否)	行动项 消减差距应该做些什么？
有效地执行基于风险的过程安全任务是建立在风险管理系统的基础上的，该系统能够维持长期的无事故和盈利的运营						
Q01	高层领导是否为设施的发展、实施和维持操作程序计划提供了整体的指导?					
Q02	高层领导是否为设施的发展、实施和维持操作程序计划提供了足够的资源?					
Q03	高层领导是否为设施的发展、实施和维持安全工作实践提供了整体指导?					
Q04	高层领导是否为设施的发展、实施和维持安全工作实践提供了足够的资源?					

设施领导和工艺装置领导的调查分别为Excel文件(见表G–1)中的调查4.2和4.3。

表G-10　附录G高级领导层调查5.1示例(附录G Excel文档中的调查5.1)

5.1 支柱：学习经验 17-事故调查 18-测量和度量标准 19-审查 20-管理审查和持续改进				高层领导-提供资源 响应-聚焦过程安全	现在状态	证据	差距	行动项
					今天有什么安排	如何监控和记录?	是否有差距(是或否)	消除差距应该做些什么?
指标是提供过程安全性能直接反馈的指标。先行指标主动提供预警信号，而滞后指标只是简单地衡量无效绩效。从这两类指标中学习和响应对于持续改进过程安全性能至关重要								Issued 25-July2015
Q01	高级领导和公司的高级运营委员会(如适用)是否监控过程安全性能?	综合视图	S					
			H					
			E					
			Q					
			S					
Q02	高级领导和公司的高级运营委员会(如适用)是否按计划的时间间隔评审结果，以确定过程安全性能预期的进展情况，并在需要时采取行动改进性能?	综合视图	S					
			H					
			E					
			Q					
			S					
Q03	是否建立了过程安全风险管理的要求?	综合视图	S					
			H					
			E					
			Q					
			S					

设施领导和工艺装置领导的调查分别为Excel文件(见表G-1)中的调查5.2和5.3。

参考文献

Albrecht, Karl and Lawrence J. Bradford, The Service Advantage: How to Identify and Fulfill Customer Needs, Dow Jones-Irwin, Homewood, Illinois, 1990.

ACS (American Chemical Society), "Creating Safety Cultures in Academic Institutions: A Report of the Safety Culture Task Force of the ACS Committee on Chemical Safety," First Edition, http://www.acs.org/content/acs/en/about/governance/committees/chemicalsafety.html (accessed 06 December, 2013)

ACC (American Chemistry Council), [ACC 2013a] http://responsiblecare.americanchemistry.com/Business-Value (accessed 18 September 2013)

ACC (American Chemistry Council), [ACC 2013b] Responsible Care® Management System, RC14001®, http://responsiblecare.americanchemistry.com/(accessed18-Sept-2013).

ACC (American Chemistry Council) Responsible Care© -Performance Metrics, 2013, http://responsiblecare.americanchemistry.com/Responsible-Care-Program-Elements/Performance-Measures-and-Reporting-Guidance(accessed 18-September-2013). [ACC 2013c]

AIChE (American Institute of Chemical Engineers), Code of Ethics, (accessed 28-June-2013) http://www.aiche.org/about/code-ethics

API (American Petroleum Institute), "Process Safety Performance Indicators for the Refining and Petrochemical Industries," RP 754, 1st Edition, April 2010.

Atherton, J. and F. Gil, *Incidents That Define Process Safety*, CCPS/AIChE and John Wiley & Sons, Inc., Hoboken, NJ, 2008.

Baybutt, P., "The ALARP Principle in Process Safety," Process Safety Progress (PSP), March 2014, Vol. 33, No. 1, pp. 36-40.

Bloch, K., and B. Jung, "The Bhopal Disaster, Understanding the impact of unreliable machinery," Hydrocarbon Processing, June 2012.

Bond, John, "A safety culture with justice: A way to improve safety performance," Institution of Chemical Engineers (IChemE), Loss Prevention Bulletin 196, 2007.

Broadribb, M. P., Boyle, B., and Tanzi, S. J., "Chedd ar or Swiss? How Strong are your Barriers? (One Company's Experience with Process Safety Metrics)," 2009 Spring Meeting & 5th Global Congress on Process Safety (GCPS), AIChE, Tampa, FL.

Browning, J. B., *Union Carbide: Disaster at Bhopal*, from Crisis Response: Inside Stories on Managing Under Siege, edited by Jack A. Gottschalk, Visible Ink Press, a division of Gale Research, Detroit, Michigan, 1993.

Caropreso, Frank (ed.) Making Total Quality Happen, Report No. 937, The Conference Board, Inc., New York, N. Y., 1990.

CCPS, "Layer of Protection Analysis: Simplified Process Risk Assessment," Center for Chemical Process Safety/American Institute of Chemical Engineers, John Wiley & Sons, Inc., Hoboken, New Jersey, 2001 [CCPS 2001].

CCPS, "The Business Case for Process Safety," Center for Chemical Process Safety/American Institute of Chemical Engineers, Second Edition, 2006. [CCPS 2006].

CCPS, "Guidelines for Risk Based Process Safety (RBPS)," Center for Chemical Process Safety/American Institute of Chemical Engineers, John Wiley & Sons, Inc., Hoboken, New Jersey, 2007 [CCPS 2007a].

CCPS, "Guidelines for Performing Effective Pre-Startup Safety Reviews," Center for Chemical Process Safety/American Institute of Chemical Engineers, John Wiley & Sons, Inc., Hoboken, New Jersey, 2007 [CCPS 2007b].

CCPS, "Guidelines for the Management of Change for Process Safety," Center for Chemical Process Safety/American Institute of Chemical Engineers, John Wiley & Sons, Inc., Hoboken, New Jersey, 2008 [CCPS 2008].

CCPS, "Guidelines for Hazard Evaluation Procedures," Third Edition, Center for Chemical Process Safety/American Institute of Chemical Engineers, John Wiley & Sons, Inc., Hoboken, New Jersey, 2009 [CCPS 2009a].

CCPS, Process Safety Beacon, Messages for Manufacturing Personnel, June 2009. http://sache.org/beacon/files/2009/06/en/print/2009-06-Beacon.pdf(accessed 13-Oct-2013). [CCPS 2009b].

CCPS, "Guidelines for Process Safety Metrics," Center for Chemical Process Safety/American Institute of Chemical Engineers, John Wiley & Sons, Inc., Hoboken, New Jersey, 2010 [CCPS 2010].

CCPS, "Guidelines for Auditing Process Safety Management Systems," Center for Chemical Process Safety/American Institute of Chemical Engineers, John Wiley & Sons, Inc., Hoboken, New Jersey, 2011 [CCPS 2011a].

CCPS, "Process Safety Leading and Lagging Metrics," Center for Chemical Process Safety/American Institute of Chemical Engineers, Revised: January 2011 [CCPS 2011b].

CCPS, "Conduct of Operations and Operational Discipline," Center for Chemical Process Safety/American Institute of Chemical Engineers, John Wiley & Sons, Inc. Hoboken, NJ, 2011. [CCPS 2011c]

CCPS, "Guidelines for Managing Process Safety Risks During Organizational Change," Center for Chemical Process Safety/American Institute of Chemical Engineers, John Wiley & Sons, Inc., Hoboken, New Jersey, 2013[CCPS 2013].

CCPS, "Safety Culture: What Is At Stake," http://www.aiche.org/ccps/topics/elements-process-safety/commitment-process-safety/processsafety-culture/building-safety-culture-tool-kit/what-is-at-stake (accessed 25-Feb-2015), 2015. [CCPS 2015]

Ciavarelli, Anthony P, "Safety Climate and Risk Culture: How Does Your Organization Measure Up?," Human Factors Associates, Inc., 2007.

Dekker, Sidney, *Just Culture*, *Balancing Safety and A ccountability*, Ashgate Publishing Limited, Burlington, VT, 2007.

DuPont Bradley Curve, http://www.dupont.com/products-andservices/consulting-services-processtechnologies/operation－riskmanagement－consulting/uses－and－applications/bradley－curve. html (accessed 10-Dec-2013).

Gunningham, Neil and Darren Sinclair, "Culture Eats Systems for Breakfast: On the Limitations of Management-Based Regulation," The Australian National University, The National Research Centre for OHS Regulation (NRCOHSR), Working Paper 83, November 2011.

High Reliability Organizing (HRO), http://high-reliability.org/ (accessed 07-Dec-2013).

Hopkins, A., "Thinking about Process Safety Indicators," Safety Science, Vol. 47, No. 4, 2009.

HRO, High Reliability Organizing website, http://high-reliability.org/pages/home(accessed 22-Oct-2013).

HSE, The UK Health and Safety Executive, Successful health and safety management, (Second edition), HSG6, HSE Books (1997). Note: from the HSE website, this book is currently being revised, "Managing for Health and Safety," http://www. hse. gov. uk/managing/index. htm (accessed 19-Oct-2013).

HSE, The UK Health and Safety Executive, "Safety Culture: A Review of the Literature," HSL/2002/25, 2002.

HSE, The UK Health and Safety Executive, "Developing process safety indicators: A step-by-step guide for chemical and major hazard industries," HSG 254, 2006.

HSE, The UK Health and Safety Executive, "The Buncefield Incident 11 December 2005: The final report of the Major Incident Investigation Board," Volume 1, HSE Books, www. buncefieldinvestigation. gov. uk, 2008.

HSE, The UK Health and Safety Executive, "Buncefield: Why did it happen?," The Competent Authority Report, Crown, 2011. [HSE 2011a]

HSE, The UK Health and Safety Executive, "Five steps to risk assessment," Leaflet INDG163 (rev3), revised 06/11 (2011). [HSE 2011b]

HSE, The UK Health and Safety Executive, "Health and safety training, A brief guide," Leaflet INDG345 (rev1), published 11/12 (2012).

HSE, The UK Health and Safety Executive, "Leadership for the major hazard industries, Effective health and safety management," Leaflet INDG417 (rev1), published 06/13. [HSE 2013a]

HSE, The UK Health and Safety Executive, "Leading health and safety at work," Leaflet INDG417 (rev1), published 06/13. [HSE 2013b]

IEC/TC56, Dependability, http://tc56.iec.ch/index-tc56.html (accessed 22-Oct-2013)

Institution of Chemical Engineers (IChemE), http://www.icheme.org/~/media/Documents/icheme/About_us/Royal Charter by Laws Code of Professional Conduct and Disciplinary Regulations－20August 2011.pdf (accessed 19-September-2013)

ISO (International Standards Organization), *The integrated use of management system standards, Edition* 1, 2008. [ISO 2008a]

ISO (International Standards Organization), ISO 9001: 2008, *Quality management systems－Requirements.* [ISO 2008b] Note: Revision scheduled for issue in 2015.

ISO (International Standards Organization), ISO Quality Management Series, ISO 9004: 2009－Improving quality management system efficiency and effectiveness.

ISO (International Standards Organization), ISO 19011: 2011-Internal and external quality management systems audit guidance.

Juran, Joseph M., Managerial Breakthrough: A New Concept of the Manager's Job, McGraw-Hill Book Co., New York, N. Y., 1964.

Kane, Edward J., "IBM's quality focus on the business process," Quality Progress, April 1986.

Khorsandi, J., "Summary of Various Risk-Mitigating Regulations and Practices applied to Offshore Operations," Deepwater Horizon Study Group 3, Working paper, http://ccrm.berkeley.edu/pdfs_papers/dhsgworkingpapers feb16-2011/summaries-of-variousrisk-mitigatingregulationsandpracticesjk_dhsg-jan2011.pdf (accessed 09-Mar-2014).

Klein, G., Streetlights and Shadows, Searching for the Keys to Adaptive Decision Making, The MIT Press, Cambridge, MA, 2009.

Klein, J. A., "Operational Discipline in the Workplace," Process Safety Progress, Vol. 24 (4), pp. 228-235 (2005).

Klein, J. A., and B. K. Vaughen, "A Revised Program for Operational Discipline," Process Safety Progress, Vol. 27 (1), 2008. pp. 58-65.

Klein, J. A., and B. K. Vaughen, "Implementing an Operational Discipline Program to Improve Plant Process Safety," Chemical Engineering Progress(CEP), June 2011. pp. 48-52.

Klein, J. A., and B. K. Vaughen, *An Introduction to Process Safety: Key Concepts and Practical Applications*, CRCPress, Boca Raton: Taylor & Francis, to be published in 2015.

Kletz, T. A., What Went Wrong? Case Histories of Process Plant Disasters and How They Could Have Been Avoided, Fifth Edition, Elsevier, New York, 2009. pp. 338-341.

Knowles, R. N., The Leadership Dance, Pathways to Extraordinary Organizational Effectiveness. ISBN 0-9721204-0-8. (2002).

Koch, Charles G., *The Science of Success: How Market-Based Management Built the World's Largest Private Company*, John Wiley & Sons, Hoboken, NJ, 2007.

Leveson, N. G., *Engineering a Safer World: Systems Thinking Applied to Safety*, The MIT Press, Cambridge, MA (2011).

Murphy, J. F. and Conner, J., "Black swans, white swans, and 50 shades of grey: Remembering the lessons learned from catastrophic process safety incidents," Proc. Safety Prog., 33: 110-114 (2014). doi: 10.1002/prs. 11651.

Murphy, J. F., "The Black Swan: LOPA and Inherent Safety Cannot Prevent All Rare and Catastrophic Incidents, Process Safety Progress (PSP), Volume 30, Issue 3, September 2011, Pages: 202-203.

Murphy, J. F., and J. Conner, "Beware of the black swan: The limitations of risk analysis for predicting the extreme impact of rare process safety incidents," Process Safety Progress (PSP), Volume 31, Issue 4, December 2012, Pages: 330-333.

National Safety Council, 14 Elements of a Successful Safety and Health Program, 1994.

National Society of Professional Engineers (NSPE), http://www. nspe. org/Ethics/CodeofEthics/index.html (accessed 19-September-2013).

OECD (Organisation for Economic Co-operation and Development), Environment Directorate, "Guiding Principles for Chemical Accident Prevention, Preparedness and Response," Series on Chemical Accidents, No. 10. (2003, revision of the first edition published in 1992).

OECD (Organisation for Economic Co-operation and Development), *Guidance on Developing Safety Performance Indicators related to Chemical Accident Prevention, Preparedness and Response*, Guidance for Industry, Series on Chemical Accidents, No. 19, Paris 2008.

OECD (Organisation for Economic Co - operation and Development), Environment Directorate, "Addendum to the OECD Guiding Principles for Chemical Accident Preparedness and Response (2nd ed.), Series on Chemical Accidents, No. 22, ENV/JM/MONO (2011)15, Paris 2011.

OECD (Organisation for Economic Co - operation and Development), Environment, Health and Safety, Chemical Accidents Programme, "Corporate Governance For Process Safety, Guidance For Senior Leaders In High Hazard Industries," June 2012.

Overton, T., "Meeting Today's Societal Expectations: The Use of Process Safety Metrics to Drive Performance Improvements," Responsible Care® Conference, 2008. http://cefic-staging.amaze.com/Documents/ResponsibleCare/RC Conference 2008/ T _ OvertonRC _ conference _ 2008. pdf (accessed 09-Mar-2014).

Royal Academy of Engineering and the Engineering Council, Statement of Ethical Principles, http://www.engc.org.uk/ecukdocuments/internet/document library/Statement of Ethical Principles. pdf (accessed 19-September-2013).

Scherkenbach, William, The Deming Route to Quality and Productivity: Road Maps and Roadblocks, CeePress Books, George Washington University, Washington, D. C., 1986.

Scholtes, Peter R. and Heero Hacquebord, "Beginning the quality transformation, Part Ⅰ; and six strategies for beginning the quality transformation, Part Ⅱ," Quality Progress, July-August 1988.

Sepeda, A. L., "Understanding Process Safety Management," *Chemical Engineering Progress*, August 2010, Vol. 106, No. 6, pp. 26-33.

U. S. Chemical Safety Board (CSB), "DPC Enterprises, L. P., Chlorine Release," Report No. 2002-04-I-MO, May 2003. http://www.csb.gov/assets/1/19/DPC_Report.pdf (accessed 19-September-2013)

U. S. Chemical Safety and Hazard Investigation Board (CSB), Sterigenics, Ontario, California' August 19, 2004, Report No. 2004-11-I-CA, Issue Date: March 2006.

U. S. Chemical Safety and Hazard Investigation Board (CSB), "E. I. DuPont de Nemours & Co Inc., Buffalo, NY, Flammable Vapor Explosion," Investigation Report No. 2011-01-I-NY [US CSB 2011a].

U. S. Chemical Safety Board (CSB), "DuPont Corporation Toxic Chemical Releases," Investigation Report Number 2010-6-I-WV, September 2011. [US CSB 2011b]

Vaughen, B. K. and J. A. Klein, "Improving Operational Discipline to Prevent Loss of Containment Incidents," Process Safety Progress (PSP), September 2011, Vol. 30, No. 3, pp. 216-220.

Vaughen, B. K., and T. Muschara, "A Case Study: C ombining Incident Investigation Approaches to Identify System - Related Root Causes," Process Safety Progress (PSP), December 2011, Vol. 30, No. 4, pp. 372-376.

Vaughen, B. K. and T. A. Kletz, "Continuing Our Process Safety Management (PSM) Journey," Process Safety Progress (PSP), December 2012, Vol. 31, Issue 4, pp. 337-342.

Willey, R. J., Hendershot, D. C., and Berger, S., The accident in Bhopal: Observations 20 years later. *Process Safety Progress*, 26: 180-184, (2007). doi 10. 1002/prs. 10191.

索 引